Frederik Braun & Gerrit Braun

KLEINE WELT, GROSSER TRAUM

Die Erfolgsgeschichte der Gründer des
MINIATUR WUNDERLANDES

Atlantik

Atlantik Bücher erscheinen im
Hoffmann und Campe Verlag, Hamburg.

1. Auflage 2017
Copyright © by Hoffmann und Campe Verlag, Hamburg
www.hoca.de   www.atlantik-verlag.de
Satz: Dörlemann Satz, Lemförde
Druck und Bindung: C.H. Beck, Nördlingen
Gesetzt aus der Sabon LT und der Nobel
Printed in Germany
ISBN 978-3-455-00167-9

HOFFMANN
UND CAMPE

Ein Unternehmen der
GANSKE VERLAGSGRUPPE

INHALTSVERZEICHNIS

oder Warum dieses Buch?

Die beiden Autoren sitzen in der Speicherstadt, in der das »Miniatur Wunderland« seine Heimat hat, in einem Besprechungszimmer an einem großen Tisch. An den Wänden hängen Zeitungsausschnitte, Bilder von prominenten Besuchern und Urkunden. Die Exponate bilden eine kleine Galerie, die die Geschichte des »Miniatur Wunderlands« in Kurzform erzählt. An besonderer Stelle hängt eine Urkunde von »Guinness World Records«. Darin wird bestätigt, dass das »Miniatur Wunderland« mit einer Gleislänge von 15 400 Metern definitiv die größte Modelleisenbahn-Anlage der Welt ist. Das »Miniatur Wunderland« ist damit »officially amazing«. Aber die beiden Schöpfer dieser kleinen Wunderwelt haben derzeit andere Sorgen.

Frederik Braun sitzt im Besprechungszimmer, als die Tür aufgeht und Gerrit Braun etwas gestresst eintritt. Außer ihnen befindet sich niemand im Raum, aber von den Gängen hört man das Raunen, Reden und Tuscheln der Besucher des »Wunderlands« als eine Art dauerhaftes Grundrauschen, das mal anschwillt, mal leiser wird, aber nie völlig verstummt.

GERRIT
(genervt)
Also, was ist so verdammt wichtig?

FREDERIK
Wenn du so anfängst, habe ich gleich gar keine Lust mehr,
dir von dem Anruf zu erzählen.

GERRIT
Anrufe stören nur.

FREDERIK
Wir sollen unsere Biographie schreiben …

GERRIT
Nicht dein Ernst …

FREDERIK
Ich musste auch lachen, als ich den Anruf vom Verlag
bekam …

GERRIT
Dann ist ja gut … aber was haben die gesagt?

FREDERIK
Was sollen die gesagt haben?

GERRIT
Na ja, haben sie dich verunsichert?

FREDERIK
Ich bin nicht verunsichert! – Vielleicht … etwas verwirrt.

GERRIT
Aha.

FREDERIK
Nichts mit: Aha …

GERRIT
Raus mit der Sprache!

FREDERIK
Na ja, es ist keine Anfrage für ein Wunderlandbuch.
Sie wollen uns. Unsere Geschichte …

GERRIT
(sachte kopfschüttelnd)
Und?
(kurze Pause)
Ich will es mal mit einem Beispiel sagen. Auszutüfteln,
wie ein Flugzeug sicher auf unserem Flughafen Knuffingen
landet, ist eine Leistung. Eine, auf die ich auch stolz bin.
Aber ich bin nicht so verblendet zu sagen, das ist dasselbe,
wie einen richtigen Airbus auf dem richtigen Hudson River
zu landen, und zwar so, dass alle Passagiere gesund und
munter von Bord gehen können. Wenn Leute wie dieser
Pilot eine Biographie schreiben, das verstehe ich.

FREDERIK
Das sehe ich genauso.

GERRIT
Seien wir doch mal ehrlich: Die Welt ist voll von Hühnern,
die über jedes gelegte Ei gackern – und sei es noch so klein.
Müssen wir uns da auch noch einreihen?

FREDERIK
Ich bitte das jetzt nicht falsch zu verstehen,
aber ich finde, unsere Eier sind nicht so klein.

GERRIT
Das sehe ich auch so. Das »Miniatur Wunderland« ist
unglaublich erfolgreich, aber ich fühle mich immer noch
wie ein Kind. Die eigene Biographie zu schreiben, das

kommt doch erst viel später. Wenn … wenn ich mal erwachsen bin. Ich will hundert Jahre alt werden. Wenn ich dann noch schreiben kann, können wir loslegen.

FREDERIK
Wenn wir nichts weiter als Selbstbeweihräucherung zu bieten hätten, ja dann …

Er macht eine effektvolle Pause.

… dann sollten wir es lassen.

GERRIT
Hä? Ich dachte, wir sind uns einig.

FREDERIK
Hm-hm. Erstens wirst du dieses Jahr schon hundert – mit mir zusammen.
Zweitens glaube ich, dass wir genügend Schwächen haben, da ist die Gefahr der Selbstbeweihräucherung eher gering. Es gab ja jede Menge Niederlagen und Rückschläge. Wenn wir auch über die berichten, dann wird das Buch nicht nur spannender, sondern definitiv auch keine Heldensaga.

GERRIT
(merkwürdig erfreut, dass Frederik nicht locker lässt)
Okay, das klingt besser, aber noch nicht gut. Ich …

FREDERIK
(unterbricht ihn)
Lass mich doch einfach mal ausreden. Ich habe nämlich auch nachgedacht. Bei unserer Geschichte gibt

es zwei Dinge, die jeder Mensch erlebt. Wir haben lange gebraucht, unseren Platz in dieser Welt zu finden und …

GERRIT
(nimmt den Gedanken auf)
… jeder Mensch hat einen Traum. Und wenn wir den Leuten ein bisschen Spaß geben können und sie vielleicht etwas für ihre Träume aus diesem Buch nehmen können, dann kann es funktionieren.

Gerrit überlegt lange und gründlich. Dann steht er auf.

Gut. Du hast mich überzeugt. Fangen wir an.

Frederik bleibt sitzen.

Was ist denn?

FREDERIK
Wir haben doch noch nie so ein Buch geschrieben.

GERRIT
Wir haben eine Story. Wir haben unser Leben. Unsere Träume. Wie du gesagt hast. Und wir machen das genauso wie mit dem Wunderland. Stück für Stück. Und bei den Kapiteln wechseln wir uns ab.

FREDERIK
Und wer fängt an?

Gerrit überlegt kurz.

GERRIT

Na, eigentlich sagt man ja, dass die Jugend dem Alter
den Vortritt lassen sollte.

Frederik schmunzelt.

FREDERIK

Die fünf Minuten, die du länger auf dieser Welt bist.

GERRIT
(lächelnd)
Timing kann entscheidend sein.

FREDERIK

Stimmt, wenn wir Königskinder wären, wärst du der
Thronfolger und ich der Glückliche, der sein Leben weiter
genießen könnte.

GERRIT

Oder der Hofnarr. Das passt doch. Du darfst anfangen.
Wenn du dich vergaloppierst, kann ich es ja im nächsten
Kapitel wieder geraderücken.

Frederik unterdrückt ein Lächeln.

FREDERIK

Aber nur, wenn das für dich so in Ordnung ist.

GERRIT

Fang endlich an.

1. FREDERIK:

Eine überraschende Geburt

Der Sommer des Jahres 1967 war der Sommer der Liebe. Im Frühling dieses Jahres verstarb der langjährige Bundeskanzler Konrad Adenauer. Der FC Bayern München gewann zum ersten Mal den Europapokal der Pokalsieger, der Hamburger SV schaffte es im folgenden Jahr bis ins Finale, in seinen Reihen noch unser aller Uwe Seeler. (Man verlor aber trotzdem gegen den AC Mailand.) Willy Brandt eröffnete auf der Berliner Funkausstellung mit einem Knopfdruck die Ära des Farbfernsehens in der Bundesrepublik Deutschland. Doch es gab auch noch Kinowochenschauen im Land, und die Ausgabe Nr. 596 der Ufa-Wochenschau, die einen Tag vor unserer Geburt auf die Leinwände kam, widmete sich der Jugend, der Generation, die damals um die zwanzig Jahre alt war, also genauso alt wie unsere Eltern.

Am Anfang sieht man Helmut Schmidt, der erklärt, dass er auf keinen Fall noch einmal zwanzig Jahre alt sein möchte. An der damals aktuellen Jugend bewundere er die Freiheit, die sie genieße. Dem Vater des kurzzeitigen Verteidigungsministers Karl-Theodor zu Guttenberg gefällt an der damaligen Jugend, dass sie skeptischer und kritischer sei. Der damalige FDP-Vorsitzende Erich Mende findet sympathisch, dass sie sich nicht mehr mit dem ganzen nationalistischen Müll seiner Jugendzeit beschäftigen müsse.

Dazwischen sieht man Bilder vom erschossenen Benno Ohnesorg, einen agitierenden Rudi Dutschke, Szenen aus dem Vietnam-Krieg, marschierende FDJler in Ost-Berlin, daneben Joan Baez, wie sie im Schneidersitz Gitarre spielt und einen Wimpernschlag lang Mick Jagger, der ein Gerichtsgebäude betritt. Langhaarige Gestalten mit verfilzten Bärten, die nicht unbedingt den Eindruck machten, als würde Arbeiten zu ihren Lieblingsbeschäftigungen gehören, solidarisieren sich pflichtschuldig mit dem vom Kapital unterdrückten Proletariat. Daneben gibt es aber auch Bilder von einem Tanzfestival, wo brav und adrett gekleidete junge Frauen und Männer im Takt über die Bühnen hopsen, während der Kommentator mit beruhigender Stimme erklärt, dass nur ein geringer Teil der Jugend sich von diesen Hippies und Randalierern beeinflussen lasse, der Rest wolle einfach nur seine Ruhe haben. Und wir, die wir nicht dabei gewesen sind, gehen einfach mal davon aus, dass das alles so seine Richtigkeit hat.

Wir kamen am 21. Dezember 1967 im Hamburger Jerusalem-Krankenhaus zur Welt. Die längste Nacht des Jahres war für uns und unsere Mutter Birgit sehr, sehr kurz. Wie mein hochbetagter Bruder Gerrit bereits erwähnte, hatte er um 3:05 Uhr seinen ersten Auftritt, während ich um 3:10 Uhr nachfolgte. Hamburg erlebte in diesem Jahr 1967 keine weißen Weihnachten, aber es reichte immerhin für Schneeregen, man musste also vorsichtig fahren.

Das tat unsere Mutter am Tag zuvor auch. Sie hatte sich in ihren alten Käfer (mit Brezelfenster!) gesetzt und war zu ihrer Freundin gefahren, mit der zusammen sie für ihr Diplom lernen wollte. Freundin Christiane wohnte im Osten Hamburgs, wo es zu dieser Zeit noch an vielen Stellen Kopfsteinpflaster gab.

Nicht nur wir Jungs kommen, wenn wir unter uns sind, manchmal auf merkwürdige Ideen. Bei unserer Mutter konnte das ähnlich sein.

Jedenfalls war unsere Mutter hochschwanger, und da der Geburtstermin immer näher rückte und sie uns endlich aus ihrem Körper verbannen wollte, schlug die Freundin vor, doch mal mit dem Käfer über das Kopfsteinpflaster hin und her zu fah-

Wie schon die alten Chinesen wussten: Gute Dinge kommen paar-
weise. Die glücklichen Eltern und ihr überraschender Nachwuchs.

ren. Vielleicht würde das ja die Geburt auslösen. Unsere Mutter
Birgit griff den Vorschlag begeistert auf und gab uns damit das
eindeutige Zeichen, dass die gemütliche »*All-inclusive*-Zeit« nun
vorbei war.

Abends spielte sie noch Skat mit unserem Vater Jochen und
dessen Kumpel Hinnerk. Um Mitternacht kam es dann zum Bla-
sensprung, woraufhin unsere Großeltern den klugen Vorschlag
machten, doch schon mal ins Krankenhaus zu fahren.

Die Hebamme bestätigte den Verdacht der Großmutter. Dann
nahm die Geschichte ihren Lauf. Ich kann mich an die Umstände
vor allem deshalb so gut erinnern, weil ich schon vom ersten
Tage an ein aufgewecktes Kerlchen war.

Nein, jetzt im Ernst: Die Umstände unserer Geburt wurden
uns von unseren Eltern später gerne erzählt, weil so etwas zu den
Familienlegenden gehört und sie (die Umstände meine ich) in der
Tat merkwürdig waren.

Damals gab es noch keinen Ultraschall. Deshalb gingen unsere Eltern bis zum Tag der Entbindung davon aus, dass sie bald *ein* – wenn auch recht kräftiges – Kind haben würden. Unser Vater erfuhr erst bei der Einlieferung ins Krankenhaus, dass es Zwillinge werden sollten, der Rest der Verwandtschaft war zu diesem Zeitpunkt noch im Unklaren.

Deshalb sorgte der Anruf, den unser Vater um Viertel nach drei bei unseren Großvater vornahm, für einige Verwirrung.

»Es ist passiert«, sagte der frischgebackene Vater.

»Und – was ist es?«, fragte der frischgebackene Großvater.

»Rate mal.«

»Ein Mädchen?«, fragte Opa.

»Nein«, sagte unser Vater

»Ein Junge?«

»Nein.«

Stille. Kein Mucks am anderen Ende der Leitung. Unser Vater konnte förmlich hören, wie es im Gehirn unseres Opas arbeitete. Dann kam die zaghafte Frage: »Und – was ist es dann?«

Es waren wie die Leser dieses Buches bereits wissen – Zwillinge. Unsere Mutter war auch erst bei der Einfahrt in den Kreißsaal über diese Tatsache informiert worden, aber nichtsdestotrotz freute sie sich riesig. Auch der Großvater, der selber immer schon viele Kinder haben wollte, teilte die Freude. Das war schon mal ein fetter Aufschlag! Allerdings sah er für die jungen Eltern – beide Studenten, beide kurz vor dem Diplom – auch einige Probleme voraus. Er sollte leider recht behalten. Zumindest die ersten schweren Monate haben die beiden gemeinsam gemeistert. Doch schon nach zwei Jahren kam es zur Trennung. Sie haben bestimmt fast alles versucht, aber sie waren eben noch verdammt jung, fünfundzwanzig und dreiundzwanzig Jahre alt.

In unseren ersten Lebensjahren sind wir dreimal umgezogen, bis wir schließlich in der Brahmsallee gelandet sind, in direkter

Nachbarschaft zu den Grindelhochhäusern. Wer nach Hamburg kommt und am Bahnhof Dammtor aussteigt, wird, wenn er Richtung Uni läuft, früher oder später auf eine Straße treffen, die »Grindel« im Namen trägt. Grindelallee, Grindelhof, Grindelberg und so weiter. Die Bezeichnung »Grindel« ist so alt, dass heute keiner mehr wirklich weiß, was sie tatsächlich bedeutet.

Die Grindel*hochhäuser* hingegen sind ein Ort, bei dem fast jeder Hamburger weiß, worum es sich handelt. Ursprünglich wurden sie von der britischen Besatzungsmacht erbaut, die hier ihre Zentrale errichten wollte; pikanterweise auf einem Gelände, wo die Bomber der Royal Air Force ein paar Jahre zuvor während der Operation »Gomorrha« ziemlich brutal Baufreiheit geschaffen hatten.

Später wurden die Grindelhochhäuser zu Sozialwohnungen umgewandelt, und ich weiß gar nicht ab wann, aber irgendwann wurden sie fast so etwas wie eine Kultadresse. Nicht unbedingt eine gute Adresse, aber doch eine, die bei bestimmten Leuten sehr gefragt war.

Von unserem Kinderzimmer aus hatten wir einen guten Blick auf die Grindelhochhäuser, aber ebenso auf die bürgerlichen Villen in Harvestehude. Wenn man so will, hat damals ein Blick aus dem Fenster genügt, um das Herz und das Wesen Hamburgs zu erfassen. Bei all den Umzügen unserer Kindheit sind wir auch nie aus der Gegend herausgekommen, was aber vollkommen in Ordnung war. Nicht nur deshalb fühlen wir uns hamburgisch durch und durch, »nordisch by nature« oder was auch immer, es stimmt in jedem Fall.

Nach der Trennung unserer Eltern war unsere Mutter mit uns in eine Wohngemeinschaft gezogen, wo wir erst ein gemeinsames Zimmer hatten, später dann jeder ein eigenes. Aus heutiger Sicht mag dieses Wohnarrangement mit Kindern etwas ungewöhnlich, vielleicht sogar gewöhnungsbedürftig erscheinen, aber man darf nicht vergessen, dass wir Jahrgang 67 sind. Das Jahr 1968 mit all den damit verbundenen Lebensentwürfen und -philosophien lag buchstäblich um die Ecke.

Ich habe mich später oft gefragt, ob die frühe Trennung unserer Eltern uns in irgendeiner Form geprägt hat. Ich weiß noch, dass Gerrit mal ein halbes Jahr lang bei unserer Oma blieb, vermutlich war das alles für unsere Mutter doch etwas zu viel. Das Verhältnis der Eltern während unserer ersten Lebensjahre war schwierig. Unser Vater ist dann bald nach Süddeutschland gegangen. So gab es erst mal wenig bis überhaupt keinen Kontakt. Erst später, als wir in die Schule kamen, haben wir langsam wieder ein Verhältnis aufgebaut. Es war ein großes Glück, dass sich unsere Eltern nach anfänglichen, natürlichen Überreaktionen bald wieder gut verstanden. So wurde unser Vater wieder ein wichtiger Bestandteil in unserem Leben.

Ich habe wenig Lust, meinen eigenen Psychiater zu spielen und mich auf die eigene Couch zu legen. Aber Verlustängste spielten damals mit Sicherheit eine Rolle. Die quälen uns auch heute noch. Und dass wir uns – egal was passierte – immer aufeinander verlassen konnten, hat uns über vieles hinweggeholfen. Zwilling zu sein hat eben einen entscheidenden Vorteil: Du begegnest dem anderen immer auf Augenhöhe, ob du willst oder nicht.

Auch dass wir – beide! – eine ziemliche emotionale Bandbreite haben, hängt damit vermutlich zusammen. Wer möchte, kann darin auch eine Wurzel unseres Ehrgeizes vermuten. Wer erfolgreich und beliebt ist, der wird nicht so schnell verlassen – zumindest glaubten wir das über lange Zeit ganz fest.

Heute, wo ich selbst Familie habe, ist mir mehrfach aufgefallen, dass nicht wenige Disney-Filme spätestens seit »Bambi« diese Ängste ausnutzen. Ein Elternteil stirbt, das Kind bleibt allein zurück und versucht verzweifelt, zu dem überlebenden Elternteil zurückzufinden, und ist unterschwellig traumatisiert.

Von Anfang an neugierig auf die große, weite Welt: Frederik (links)
und Gerrit

Das ist, wenn man es genau bedenkt, ein ziemlich brutales Prinzip, weil es mit den Urängsten von Kindern spielt. Deshalb vermute ich mal, dass auch wir diese Ängste hatten. Aber ich weiß rückblickend auch, dass meine Kindheit glücklich war. Mehr noch: Für mich war es die tollste Kindheit überhaupt. Einfach traumhaft. Vermutlich hat das viel mit unserer Erziehung zu tun, und ganz bestimmt viel mit den Spielen, mit denen wir uns die Zeit vertrieben haben.

Klar, jedes Kind spielt, und alle Kinder nehmen ihre Spiele ernst, aber für uns waren die Kinderspiele mehr als das. Sie waren eine Möglichkeit, uns eine Welt zu schaffen, die unseren Regeln entsprach, in die wir uns hineinträumen konnten und in der wir bestimmen konnten, wo es lang ging. Mit unseren Spielen wollten wir häufig die Welt verbessern. Alles sollte flauschig sein, aber oft auch extrem.

Als Erwachsener vergisst man nur zu leicht, wie abenteuerlich die Welt sein kann, selbst wenn es nur der kleine Radius um die heimatliche Wohnung ist. Wenn abends die Straßenbeleuchtung angeht, wenn sie morgens wieder verlischt. Nebel. Der erste Schnee. Wie sich der im Sommer saftig grüne Park im Herbst in eine raschelnde Welt aus braungelben Blättern verwandelt, im November vielleicht noch mit märchenhaftem Raureif überzogen. Und diese Welt fleht geradezu darum, als Schauplatz und Hintergrund für all die Abenteuer zu dienen, die man sich in seinem kindlichen Gehirn ersinnt. Und wenn man dazu noch einen Bruder hat, der einen einerseits auf fast unheimliche Art versteht und nahe ist, sich aber andererseits so unterscheidet, dass jede Idee zum Dialog und aus den Phantasien schnell etwas wird, was keiner von beiden allein hätte schaffen können – dann ist das schon eine tolle Sache. Im Rückblick könnte man sagen, wir haben damals unbewusst für später geübt. Wie man Ideen entwickelt, wie man geistig miteinander Pingpong spielt, sich streitet, wieder versöhnt und wenige Minuten später die Idee

Das sollte später noch öfter passieren: Frederik (rechts) und Gerrit sehen etwas und haben eine Idee.

Bevor eine Idee ins »Miniatur Wunderland« kommt, wird sie gründlich, manchmal sehr gründlich getestet. So wie hier Anfang der siebziger Jahre am Hamburger Elbstrand.

noch verrückter weiterspinnt. Für uns war das vor allem ein großer Spaß, mit dem wir uns die Welt erobert und Schicksalsschläge verdaut haben. Hätte uns damals jemand gesagt, dass wir uns damit in einem gewissen Sinne auf unser späteres Leben vorbereiten, hätten wir diese Person bestimmt für verrückt gehalten. Jeder hätte das getan. Und zwar völlig zu Recht.

In unsere Spielewelt hatten wir auch die Umgebung der heimatlichen Wohnung mit einbezogen, den Innocentiapark ebenso wie die Auffahrten vor den Grindelhochhäusern. Die Wohngemeinschaft meiner Mutter befand sich in einem typischen Hamburger Altbau, um 1901 erbaut. Trotz seiner vier Stockwerke wirkte das Haus auf uns herrschaftlich. Unser Zimmer hatte eine sehr hohe Decke, die ideal für unsere hochfliegenden Pläne war, nur der Teppichboden war etwas zu tief und flauschig, da sind im Laufe der Jahre jede Menge Teile und Spielfiguren »Missing in Action« gegangen.

Hier stand unser Stockbett (weil in Wunderland-Foren immer wieder die Frage gestellt wird: Gerrit schlief oben, ich unten*, hier hingen später unsere Mickymaus-Poster an den Wänden. In den Regalen stapelten sich unsere Spiele, und da die dauernd in Verwendung waren, sah es hier wunderbar chaotisch aus. Wer einen ungefähren Eindruck gewinnen möchte, kann ja mal einen Blick in den Shop des »Miniatur Wunderlands« werfen. Zumindest dort habe ich darauf geachtet, dass es nie zu ordentlich aussieht. Mit zehn Jahren bekamen wir jeder unser eigenes Zimmer. Auch da ging es weiter zuverlässig chaotisch zu.

Neben jeder Menge Bastelkram stapelten sich hier Brett- und Gesellschaftsspiele (Risiko, Monopoly, Avalanche etc.). Auf un-

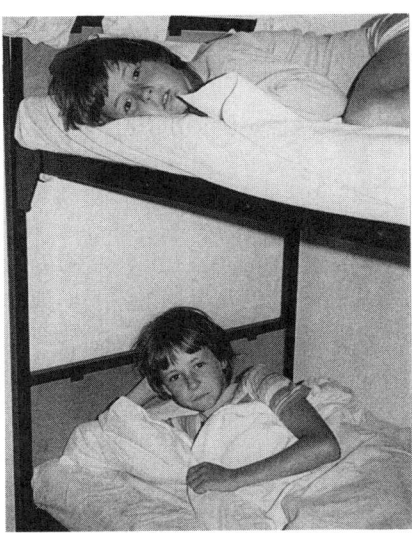

Die erste Traumstation, unser Stockbett. Gerrit schlief unten, ich oben.

---

* Das ist ein Scherz. In Wahrheit hat noch nie jemand diese Frage gestellt. Aber wenn man schon mal die Gelegenheit hat, ins Detail zu gehen …

sere Brio-Holzeisenbahn waren wir ziemlich stolz. Wer will, kann darin schon einen Hinweis auf spätere Berufsbilder sehen, aber damals war uns das herzlich egal. Auch eine Lego-Eisenbahn mit weißen Schwellen und blauen Schienen gehörte zu unseren Besitztümern. Wenn man uns ließ, verlegten wir unsere Gleise in der gesamten WG – inklusive Bad und Küche –, und wenn es dabei Probleme gab, war das jedenfalls für uns kein Problem. Gerade wenn es Unfälle gab oder etwas mal nicht so lief wie geplant, fanden wir das besonders spannend. Grundsätzlich haben wir aber lieber etwas aufgebaut, als länger damit gespielt. Uns lag immer mehr am Experiment und am Ausprobieren von Neuem. Damals drehten wir zum Beispiel mit der Super-8-Kamera unserer Mutter kleine Trickfilme. So Stop-Motion-mäßig. Die Kamera hatte einen Drahtauslöser, und wenn man diese Technik zu zweit nutzt, weiß man nicht immer ganz genau, wann das nächste Bild ausgelöst wird. So konnte es schon mal passieren, dass plötzlich im Bild ein fragendes Jungsgesicht auftauchte. Dennoch waren das schon richtig geile Filme. (Sag ich jetzt mal so.)

Bald besaßen wir auch eine richtige Modelleisenbahn, geerbt von unserem Vater, die dank der gesunden Schenklaune unserer Großeltern stetig anwuchs. Wir träumten davon, eines Tages genug Geld zu haben, um uns den gesamten Märklin-Katalog zu kaufen. Das soll jetzt keine Schleichwerbung sein, es hätte bestimmt auch, wenn das Leben sich zufällig etwas anders entwickelt hätte, eine Eisenbahn von Fleischmann oder Roco sein können. Aber so wie die Dinge lagen, war es nun mal der in Kennerkreisen noch heute geschätzte Märklin-Katalog, der für uns so etwas wie die bebilderte Version des Paradieses darstellte.

Später wollten wir als unzertrennliche Zwillinge, so stellten wir uns das zumindest damals vor, mit unseren Familien ein Doppelhaus beziehen und im Keller eine Anlage aufbauen, die sich dank eines Mauerdurchbruchs auf beide Grundstücke erstreckte. (Dass unsere Ehefrauen Micky und Johanna da eventuell mitreden wollen, war damals noch nicht eingeplant.) Erzählten wir Freunden oder Erwachsenen von unseren Plänen, ernteten wir meist ein mildes Lächeln und die Bemerkung: Jaja, ihr werdet schon sehen, was aus euren Träumen wird, wenn ihr größer seid. Heute kann man sagen, dass diese Leute in gewisser Weise recht behielten – unsere Träume entwickelten sich nicht ganz so wie geplant.

Lego gab es auch jede Menge, und da das noch Jahre vor irgendwelchen *Star-Wars*-Baukästen oder Lego-Batmans war, konnte man wirklich nach Lust und Laune drauflos bauen. Das Schöne ist, wenn man nur die Lego-Grundsteine, die dafür aber in paradiesischer Menge zur Verfügung hat, dann ist man über Jahre in der Lage, nahezu alles zu bauen, was die Phantasie so hergibt. Manchmal frage ich mich, was wir alles gebaut hätten, wenn es schon Lego-Technik gegeben hätte. Aber es gab etwas anderes, das ich wunderbar in Erinnerung habe: unsere Dampfmaschine. Die stand auf einer Grundfläche, die nicht größer als ein A4-Blatt war, aber sie machte richtig Dampf, wenn man den Kessel mit Wasser gefüllt und Esbit-Tabletten befeuert hatte. Mit dieser Maschine konnte man dann Laufbänder oder Ketten antreiben. Die Laufbänder – oder Ketten – erfüllten eigentlich keine weitere Funktion, aber dass das kleine schmauchende Maschinchen diese Teile wunschgemäß in Bewegung setzen konnte, faszinierte uns immer wieder. Seltsamerweise hatten wir damals auch keine Fischer-Technik-Baukästen; und ich kann mich beim besten Willen nicht erinnern warum.

Ein weiterer Schatz unserer frühen Kindheit waren ganz simple und billige Holzbauklötze. Die besaßen wir ebenfalls in Massen, und dennoch musste unsere Mutter sie immer wieder in dem Spielwarenladen um die Ecke nachkaufen. Mit den Klötzen bauten wir Dominostrecken, die durch die ganze Wohnung liefen

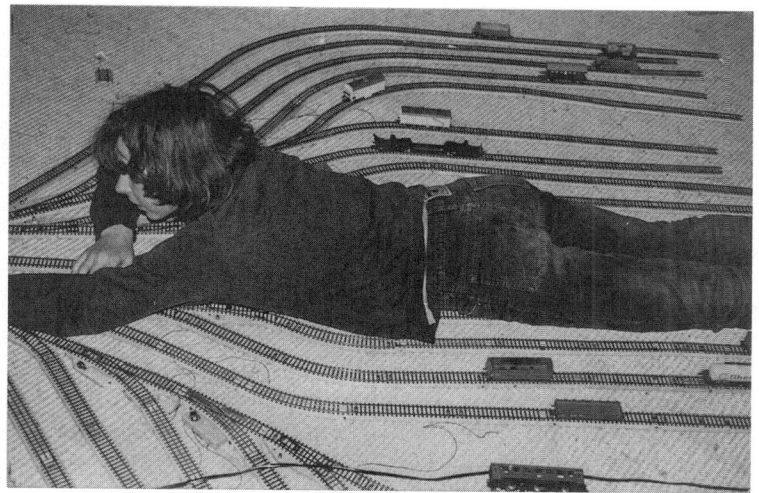

Frederik liegend auf der Eisenbahn, etwa zehn Jahre alt. Das Drumherum muss man sich noch vorstellen.

und im Vergleich zu späteren Domino-Day-TV-Shows gar nicht mal so ärmlich aussahen (zumindest in meiner Erinnerung).

Aber mit diesen Klötzen konnte man noch viel mehr machen. Zum Beispiel Türme bauen, die bis unter die Decke der meterhohen Altbauwohnung ragten. Aus der Sicht eines Erwachsenen waren das sicherlich nur ganz normale Höhen, aber mit Kinderaugen betrachtet hatten unsere Bauwerke Ausmaße, die an den Turmbau zu Babel erinnerten. Wenn unser Konstrukt dann kurz vor der Vollendung zusammenkrachte – was recht häufig geschah –, mussten wir uns ganz schön sputen, um uns vor den runterfallenden Klötzchen in Sicherheit zu bringen. Und wenn wir doch mal getroffen wurden, dann tat das verdammt noch mal ganz schön weh und bewirkte, dass uns so mancher unchristliche Fluch über die Lippen kam.

Wenn man von der Schule absieht, gab es in unserer Kindheit keinen einzigen Tag, der langweilig war. Uns ist immer etwas

Neues eingefallen. Darunter auch ziemlicher Blödsinn, wie zum Beispiel an Neujahr durch die Straßen zu ziehen und aus den Feuerwerkskörpern das unverbrannte Schwarzpulver zusammenzubasteln und in neue Böller zu stecken. (Hier eine kurze Nachricht an meine Kinder, falls sie das eines Tages lesen sollten: NICHT nachmachen, das war eine saudumme Idee!) Und als wir genug zusammenhatten, wollten wir natürlich auch sehen, wie unsere »Bömbchen« knallten.

Vorm Bezirksamt Eimsbüttel gab es – und gibt es wohl immer noch – eine Auffahrt vom Grindelberg, die einen großen Platz umrahmte, wo damals (und möglicherweise heute auch noch) Blumenkübel standen. In einem dieser Kübel haben wir kleinen Knallköpfe die Knallkörper deponiert und angezündet. In dem Moment, als die Zündschnur zischte, bog von der Hauptstraße ein Polizeiauto in die Straße ein, woraufhin wir natürlich Fersengeld gaben.

Wie nicht anders zu erwarten, ging unser Böller exakt in dem Moment hoch, als der Polizeiwagen den Kübel passierte. Der Wagen stoppte, und ich weiß noch heute, wie sehr es mir imponierte, dass die Polizisten ziemlich lässig aus dem Wagen stiegen. Es fiel den Beamten auch nicht wirklich schwer, die Delinquenten hinter den kahlen Büschen auszumachen. Jegliches Leugnen war zwecklos, wir hatten ja noch eine Tüte mit unserer Beute dabei.

Die Polizisten musterten uns streng, und wir erhielten einen Ratschlag fürs Leben.

»Als ich jung war«, sagte der eine Polizist, »haben wir damit Briefkästen gesprengt.«

(Memo an meine Kinder: Das war Ironie. Es gilt immer noch, was Papi einige Absätze zuvor gesagt hat.) Dann setzten sie sich wieder in den Wagen und fuhren weiter. Selbst unsere Tüte mit den Knallkörpern durften wir behalten. Heute kommt es mir so vor, als wäre das ein Exposé für eine Szene im »Miniatur Wunderland« gewesen, aber die ganze Episode hat sich tatsächlich so zugetragen.

Als wir sieben, acht Jahre alt waren, kam es immer wieder mal vor, dass unsere Mutter uns abends alleine ließ. In der Ära der Helikopter-Eltern mag das herzlos, vielleicht sogar verantwortungslos erscheinen, aber wir haben uns damals nicht vernachlässigt gefühlt, zumindest nicht bewusst. Auch wenn wir sie manchmal sehr vermisst haben, bin ich im Rückblick froh über jeden Tag, an dem »Mami« Spaß gehabt hat.

Wenn unsere Mutter uns ins Bett brachte und dann mitteilte, dass sie noch mal kurz rausgehe, haben wir gewartet, bis die Tür ins Schloss gefallen war, und sind dann aus dem Bett gehüpft. Dann haben wir ihr etwas gebastelt oder einen Kuchen gebacken und die fertigen Werke hinter unsere Haustür gestellt. Daraufhin haben wir gewartet, bis sie nach Hause kam, und heimlich geschmult, ob sie sich freut. Um natürlich eine Sekunde später in »Tiefschlaf« zu fallen, da sie in der Regel ziemlich schnell nachschaute, ob wir schliefen.

Sie freute sich immer sehr, obwohl sie eigentlich böse mit uns sein musste. Wir freuten uns auch. Und unsere Welt war in Ordnung.

2. GERRIT:

Das Leben – Trial and Error

Aus unserer Kinderzeit existieren viele Bilder, auf denen wir – wie man es von Zwillingen erwartet – die gleiche Kleidung tragen. Aber das geschah fast immer nur für Fotos, im Alltag entwickelten wir schnell unsere eigenen Persönlichkeiten. Das war auch im Sinne unserer Mutter. Sie wollte, dass wir so schnell wie möglich unsere Individualität entdecken. Wenn man aber außerhalb der Familie immer nur »Die Zwillinge« genannt wird, ist das mit dem Entwickeln der eigenen Unabhängigkeit gar nicht so einfach. In Kleidungsfragen fiel mir das jedoch schon bald ziemlich leicht. Frederik sagt heute, dass ich die cooleren Sachen besaß und einfach einen Blick dafür hatte, was gerade angesagt war. Ob das wirklich immer so gestimmt hat, weiß ich nicht. Doch das Urteil meines Bruders in Modefragen hat mich in seiner Klarheit und Objektivität immer beeindruckt.

Den üblichen Blödsinn, den Nicht-Zwillinge aus Büchern und Filmen wie *Das doppelte Lottchen* kennen, haben wir natürlich auch gemacht. Also zum Beispiel: während der Schulstunde schnipsend melden.

»Was gibt's denn?«

»Ich muss mal dringend aufs Klo.«

Dann raus, draußen Jacken getauscht und jeweils in die andere Klasse wieder rein. Das ging natürlich nur in den Jahren, in denen wir in getrennten Klassen waren. Unsere Mitschüler haben es fast immer gemerkt, aber jedes Mal dichtgehalten. Einige Lehrer dürften zumindest geahnt haben, was hier gespielt wurde, aber immerhin waren sie so freundlich, uns in dem Glau-

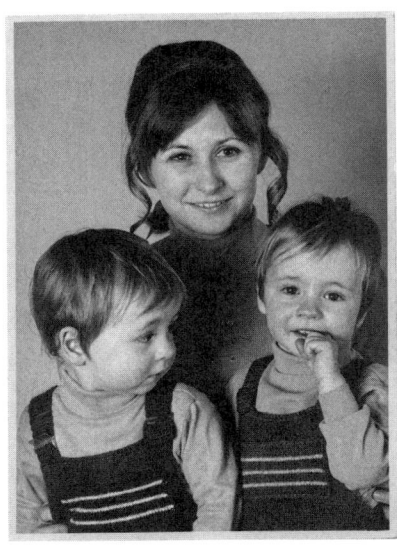

Frederik und Gerrit
mit ihrer Mutter im
eher untypischen
Partnerlook

ben zu lassen, wir hätten sie an der Nase herumgeführt. Andere
haben das spürbare Unterdrücken des Lachens der Mitschüler
und die merkliche Unruhe in der Klasse eher als Indiz für einen
geringen Respekt gegenüber dem Lehrkörper angesehen. An dieser Stelle fällt mir einer meiner Lieblingssätze ein: Glückliche
Lehrer können die Welt verändern. Aber dazu später mehr.

Dass Eisenbahnen, Modelleisenbahnen sowieso, auch noch
im Erwachsenenalter faszinieren, darüber wird gern gelächelt
und gespöttelt. Dabei vergisst man allzu oft, wie viele fesselnde
Facetten die Eisenbahn hat. Im 19. Jahrhundert krempelten Eisenbahnen innerhalb weniger Jahrzehnte sämtliche Kontinente
um. Ihre Wirkung war so bahnbrechend wie heutzutage die des
Internets. Dazu kommen technische Details. Obwohl die Bahn
tonnenweise Güter von einer Ecke des Planeten zur anderen
befördert, von den Milliarden Fahrgästen ganz zu schweigen,
ist die Spurweite der Gleise geradezu zierliche 1435 Millimeter.
Ein ausgewachsener Basketballer hat mit ausgestreckten Armen

eine deutlich größere Spannweite. Auch können Züge zwar Unmengen transportieren, die Berührungsfläche, an der die Kraft von der Maschine auf die Schiene übertragen wird, ist dabei aber vergleichsweise lächerlich klein, kaum größer als eine Euro-Münze. Da Lokomotiven zwar wahre Kraftpakete sind, auf Schienen aber nur mit großer Mühe bergauf und -ab fahren können, sind Bahnstrecken in der Natur schon aufgrund von technischen Zwängen zu einer gewissen Ästhetik in der Streckenführung verpflichtet. Weil Eisenbahnen nicht abrupt um Kurven fahren können, fügt sich die Linienführung fast immer harmonisch in die Landschaft ein. Für den Modellbauer – ich greife hier mal ein Stück voraus – verbirgt sich da aber auch eine Gefahr. Zu laienhaft entworfene Anlagen oder Platzmangel führen oft zum Fehlen dieser Harmonie.

Auch wenn wir die Modelleisenbahn vor allem als Spielzeug begriffen, so hat sie darüber hinaus viele faszinierende Eigenschaften. Man kann viel Zeit damit verbringen, die Details an den kleinen Waggons zu studieren, die liebevoll nachgestaltete Holzverschalung von Güterwaggons, die kleinen filigranen Kupplungen, die anthrazitschwarz schimmernden Kohlehaufen in den Tendern der Loks.

Nach Modellbahn und Bauklotztürmen trat die dritte große Technikleidenschaft in unser Leben: die Feuerwehr.

Feuerwehren haben zwei Reize, denen wir uns auf Dauer nicht entziehen konnten: Sie sind rot. Sie sind laut. Und dann kam bei uns noch hinzu: Es gab eine Feuerwehr in der Nähe. Die Feuerwache 13 in der Sedanstraße war gleich um die Ecke.

Ich glaube, wir haben damals stundenlang vor den Toren gestanden, und wenn sich die Tore öffneten und ein Löschzug mit Sirenenlärm herausfuhr, dann haben wir uns auf unsere Fahrräder gesetzt und sind hinterhergefahren. Wenn die Straßen einigermaßen frei waren, haben sie uns natürlich bald abgehängt. Aber das hat uns nicht aufgehalten. Wir haben Passanten gefragt und die Leute so lange gelöchert, bis wir wussten, wohin die Feuerwehr gefahren ist. Wobei ich betonen möchte, dass wir keine Gaffer waren. Uns haben keine Horrorbilder von Verletzten interessiert oder dramatische Rettungen von Leuten, die in brennenden Fensterrahmen standen und sich nicht trauten herunterzuspringen. Spannend für uns war primär die laute Einsatzfahrt der großen Fahrzeuge mit ihrem für uns so faszinierenden Blaulicht. Uns interessierten auch die Einsätze an sich, mit all ihren Details. Sobald wir begriffen hatten, worum es bei dem Feuerwehreinsatz ging und wie die Arbeit der Feuerwehr dort funktionierte, waren wir zufrieden und fuhren wieder nach Hause. Aber wir wollten die Feuerwehreinsätze besser verstehen. Aus diesem Grund haben wir schließlich angefangen, Statistiken zu führen. Wann war der Einsatz? Wie lange hat er gedauert? Wie viele Fahrzeuge waren dabei? Man mag es merkwürdig finden, dass kleine Jungs sich so ihrem Hobby nähern, aber dahinter verbirgt sich auch eine Methode, sich der Wirklichkeit zu nähern. Wir haben keine Bücher über die Geschichte der Feuerwehr aus der Bücherhalle geholt. Wir haben uns auch keine Dokumentationen über die Arbeitsweise der Feuerwehr angesehen. Wenn wir wissen wollten, wie die Feuerwehr funktionierte, sind wir hingegangen und haben uns das angeguckt. Und wenn man so unvoreingenommen auf eine Sache schaut, dann bewahrt man sich einen eigenen Blick. So mache ich das eigentlich bis heute in nahezu allen Lebenslagen.

In dem Haus, in dem wir damals wohnten, gab es einen Hausmeister, der unsere Leidenschaft für die Feuerwehr teilte, ja vielleicht sogar der Mitverursacher war. Seine Tür stand für uns immer offen. Er und seine Frau Birgit nahmen sich immer viel Zeit für uns. Erwähnenswert ist auch, dass Hausmeister John uns einmal aus höchster Gefahr gerettet hat (als uns große Jungs verprügeln wollten) und dass er ein großes, altes Radio besaß. Die Erinnerung an die Rettungsaktion hallte in unseren jugend-

Wir (links Frederik, rechts Gerrit) im Innocentiapark, unser großen Spielwiese. Und falls es mal Ärger gab, war Hilfe nah (aber diesmal nicht im Bild).

lichen Seelen übrigens lange nach. Denn seitens unserer Eltern waren wir immer dazu angehalten worden, Gewalt und ähnlichen Situationen aus dem Weg zu gehen und nach einer anderen Lösung zu suchen. Daran hatten wir uns gehalten, aber diesmal waren es drei Jungs, und sie waren mindestens drei Jahre älter als wir. Da war es schon beruhigend zu wissen, dass es – wenn gar nichts mehr hilft – noch einen Plan B gab. John war der erste erwachsene Mann, der sich in dieser männlichen Form für uns eingesetzt hat. Mit seinen nur 1,70 Meter stellte er sich vor die Jungs und machte ihnen mit beeindruckender Deutlichkeit klar, dass sie ab sofort für das Wohl von uns beiden verantwortlich wären, und wenn uns jemand auch nur ein Haar krümmen sollte, er sie finden würde, egal wo sie sich versteckten. Mann, war ich damals stolz! Aber zurück zum großen Radio des Hausmeisters.

Bei den moderneren Rundfunkempfängern war auf der UKW-Skala meist bei 87,5 MHz nach unten Schluss. Das alte Radio des Hausmeisters ging hier jedoch noch weiter. So konnten wir dort den Feuerwehrfunk abhören, der außerhalb der bekannten Rundfunkfrequenzen sendete. Statt stundenlang vor der Feuerwache rumzulungern und Passanten zu löchern, bekamen wir nun unsere Tipps in vielleicht etwas verbotener Weise direkt aus der Feuerwehrleitzentrale. Einziger Nachteil: Das Radio stand nicht in unserem Kinderzimmer. Was tun?

Der monatlich wiederkehrende Sperrmülltermin war ein großes Leid unserer Mutter. Ständig haben wir aus ihrer Sicht völlig unbrauchbares Zeug angeschleppt. Für uns waren es selbstverständlich wertvolle Funde, um neue Spielphantasien auszuleben. Wir hatten ja die Devise aufgestellt, sollte sie rechtbehalten, fliegt es beim nächsten Sperrmüll halt wieder raus. So wurde ein erheblicher Teil unserer Legobestände und anderes Spielzeug akribisch zusammengetragen. Jetzt, wo uns eine ganz neue Feuerwehrwelt offenstand, galt unser Augenmerk bei den folgenden Sperrmüllterminen vor allem alten Radios. Nachdem wir bei gefühlt tausend weggeworfenen Geräten den Senderdrehknauf nach links gen Anschlag gedreht hatten, immer mit der Enttäuschung verbunden, dass bei 87,5 Mhz Schluss war, kam der Moment, an dem der Zeiger bei einem uralten Gerät bis 85 Mhz lief, bevor er stoppte. Die Freude darüber war mindestens so groß wie dieses alte Radio selbst. Nach einem uns an die Grenzen der kindlichen Kraft bringenden Transport kam der Moment der Wahrheit: Stecker rein und hoffen. Es funktionierte, und seitdem hallte nahezu pausenlos das Tüt-tüt-tüüüüt-tüt des alle 90 Sekunden auf dieser Frequenz gesendeten Kennungssignals des Feuerwehrfunks durch die Wohnung.

Es ging so weit, dass wir richtige Großfeuer erlebten. Als die Feuerwehrmänner bemerkten, dass wir keine nervenden Blödmänner waren, sondern ein aufrichtiges Interesse für ihre Profes-

sion zeigten, durften wir bei einem Einsatz sogar mal im Feuerwehrauto mitfahren.

Klar, dass wir spätestens nach diesem Erlebnis auch Feuerwehrautos für unsere heimatliche Spielhöhle haben wollten, nur
war das nicht so einfach.

Der Platzhirsch unter den Modellauto-Herstellern war damals
die Firma Wiking. Zwar hatte sie eine lange Tradition, aber bis
in die siebziger Jahre hinein gab es dort eine eher minimalisti-
sche Herangehensweise, was die Modelle betraf. Statt durchsich-
tiger Scheiben waren viele Modelle aus einer einfachen Form
gegossen, und es gab meist auch nur eine Farbe. Feuerwehrautos
waren also rundum rot, einfarbig/eintönig, und das war's.

Insgesamt gab es damals bei Wiking drei Feuerwehrautos; und
bei Herpa, dem aufkommenden Konkurrenten, sah es auch nicht
viel besser aus. Doch mittlerweile wollte ich Modelle sämtlicher
Hamburger Feuerwehren haben. Das war natürlich ein utopi-
sches Ziel – die Hamburger Feuerwehr hatte damals ungefähr
350 Fahrzeuge –, aber im Laufe der Zeit bin ich schon so auf
fünf Löschzüge, bestehend aus damals je drei Fahrzeugen, gekommen.

Mein erstes »echtes« Hamburger Feuerwehrauto baute ich
damals aus drei Wiking-Modellen zusammen. Was daran nicht
»echt« hamburgisch war, habe ich dann mit Gips bei den Auf-
bauten nachmodelliert und schließlich mit feinem Pinsel auch
die Lackierung so verfeinert, dass sie eindeutig nach der Feuerwehr der Hansestadt aussah. Ich bastelte, pinselte und schraubte
so lange, bis ich mit dem Ergebnis zufrieden war. Dann kam die
große Überraschung: Das Resultat gefiel nicht nur mir, sondern
auch meinem Bruder und dem Rest unserer Familie. Und jeder
fragte: Wie hast du das gemacht?

Und die ehrliche Antwort lautete: Ich habe nicht die Spur
einer Ahnung. Zwar hat mir der neue Partner unserer Mutter ab
und zu mal was erklärt. Und auch John, der ebenfalls gebastelt

Gerrit mit zwölf. Später kamen zu den coolen Autos noch coole Klamotten dazu.

hatte, half mit Rat und Tat – aber im Kern war ich immer der Autodidakt, der ich auch heute noch bin. Ich habe beobachtet, probiert, verworfen. Und wieder beobachtet, probiert, verworfen.

Ich kann zum Beispiel nicht besonders gut malen, aber abzeichnen funktioniert, und einen Sinn für Proportionen habe ich auch. Und weil unser Vater ein so großer Auto-Fan ist, habe ich ihm ein Modell seines Autos im Maßstab 1:15 gebaut. Meine Rohstoffe waren: Papier, Pappe, Schere und ein Geodreieck.

Es hat funktioniert. Während der Arbeit war jeder Schritt ein Vergnügen, und wenn man auch noch positives Feedback bekam (»Das hast du wirklich ganz allein gemacht?«) – besser konnte man es doch gar nicht haben.

Es gibt Leute, die beginnen als Laien, arbeiten sich dann auf Profi-Level nach oben, oft eben auch weil sie sich sehr lange und intensiv mit nur diesem einen Thema befassen. Ich habe es stets als Vorzug empfunden, immer wieder dilettantisch und frei an eine Sache heranzugehen.

Natürlich habe ich mir auch Dinge erklären lassen. Was man beim Fahrrad selbst reparieren kann. Oder wie man am Computer eigene Programme schreibt. Aber sobald ich verstanden hatte, was es braucht, um ein »Hello World!« auf den Bildschirm zu zaubern, habe ich auf eigene Faust weitergeforscht. Die Lektüre von Fachbüchern und Anleitungen war nicht mein Ding. Mit einer Ausnahme: Bei so gut wie jedem Computerprogramm verbirgt sich unter der F1-Taste die Hilfe-Funktion, und die war dann mein bester Freund. Damals besaßen wir einen Atari ST 500. Lange Zeit war der für mich das schönste Spielzeug. Frederik kann das kaum nachvollziehen. Er hält sich bereits für einen Experten, wenn er einen USB-Stick richtig herum reinsteckt, aber ich habe damals gleich drauflosprobiert. Wenn wir eine Anwendung brauchten, ein Abrechnungsprogramm für die spätere Diskothek oder eine Terminverwaltung für unsere Mitarbeiter, dann habe ich das selbst geschrieben. Eines dieser Programme, basierend auf einer ganz primitiven Version von MS-DOS, läuft heute noch in einer Bar in Hamburg.

Und damit es nicht zu trocken wird, habe ich immer auch Blödsinn veranstaltet. Zum Beispiel verschiedene Handy-Displays entworfen. (Die Älteren werden sich erinnern, in der Zeit vor iPhone und Konsorten war das eine ganz abgefahrene Sache. Jamba hat mit ähnlichen Dingen später eine Menge Geld verdient.) Vor vielen Jahren habe ich eine Applikation geschrieben, die für unsere damalige Diskothek SMS verschickte. Oder, weil mir die Stimme unseres Navis nicht gefallen hat, habe ich das Programm umgeschrieben. Die Texte hatte unser türkischer DJ-Promoter eingesprochen. Da hieß es dann: »Ischwöre Bruda, Max-Brauer-Allee fährscht du links. Nein, reschts.«

Wir hatten noch viele weitere Ideen. Und wir haben niemals

im Traum daran gedacht, für irgendetwas Patente anzumelden. Mehr noch: Wir legten alles offen. Warum sollten wir ein Geheimnis daraus machen, wie wir auf Lösungen gekommen sind? Lösungen zu finden hat einfach Spaß gemacht. Lösungen anzuwenden macht Spaß. Und wenn Leute beim Studieren meiner Lösung außerdem ein Aha-Erlebnis haben – besser kann es gar nicht kommen. Natürlich gibt es immer Leute, die warnen vor der Konkurrenz, und dass die bei uns klaut. Ich habe mir in meinem Leben über viele Dinge Sorgen gemacht, aber ganz ehrlich: Die Konkurrenz hat mir noch nie Kopfschmerzen bereitet. Weil sie mich am Ende nicht interessiert. Das ist keine Arroganz, aber ich will *unser* »Miniatur Wunderland« bauen. Wenn ich die ganze Zeit immer nach der Konkurrenz schaue, dann ist es nicht mehr meins.

Natürlich wird bei uns abgeguckt. Zum Beispiel der Flughafen Knuffingen. Den versuchen viele nachzubauen. Sie werden es aber nie so gut hinkriegen. Davon bin ich überzeugt. Weil man eine Trial-and-Error-Rumwusel-Methode nicht kopieren kann. Erst recht nicht meine Motivation. Und wenn jetzt jemand meint, das klinge nun doch ein bisschen arrogant, dann sage ich: Gut, mag sein. Aber dann kann ich es auch nicht ändern. (Anmerkung von Frederik: Wer wie ich das Privileg hat, Gerrit bei genau dieser Motivation zu erleben, wird niemals von Arroganz sprechen, sondern von einem Genie. Er ist für mich das größte Genie nach Albert Einstein. Kombiniert mit Daniel Düsentrieb. Hoffentlich liest er diese Anmerkung nicht vor dem Druck, sonst lässt er sie womöglich noch streichen.)

Wenn mir im Alltag oder bei meinen Hobbys etwas nicht gepasst hat, dann habe ich mir die Sache angeguckt und passend gemacht. Wie der alte Karthager Hannibal sagte: »Entweder man findet einen Weg oder man schafft einen Weg.«

Ich bin zum Beispiel immer gerne Kart gefahren, und am Anfang hat mich immer genervt, dass die Informationen auf den

Anzeigetafeln eher mager waren. Also habe ich mich eine Woche lang Nacht für Nacht eingeschlossen und eine neue Software zur Zeitmessung für meine Stamm-Kartbahn geschrieben. Damit konnte man während der Fahrt alle Zwischenzeiten und Runden, also all die Fakten, die mich interessierten, sehen. Später haben auch andere Bahnen in Norddeutschland das Anzeigeprogramm eingesetzt. Nicht, weil es so wahnsinnig brillant programmiert war, sondern weil es genau die Informationen lieferte, die ein Kartfahrer braucht. Was damit zusammenhängen könnte, dass es von einem Kartfahrer geschrieben worden war.

Das ist noch ein weiterer Vorteil des Forschens auf eigene Faust. Man weiß immer ganz genau, was man in einer bestimmten Situation braucht. Nicht mehr und nicht weniger. Wobei ich, zugegeben, oft so verspielt bin, dass die eine oder andere Funktion nicht unbedingt nötig ist, aber sehr viel Spaß bereitet. Vielleicht sind es am Ende sogar genau diese »unnötigen« Spaß-faktoren, die das Ganze so liebenswert und reizvoll machen.

Da wir also manchmal auch Sachen machen, die in der Fach-welt Aufsehen erregen, kommt es immer wieder vor, dass Experten mit mir fachsimpeln wollen. Ich mache das ganz gerne, aber ehrlich gesagt steige ich da meist ganz schnell wieder aus – weil ich nicht verstehe, wovon die reden. Auf der Weltkarte meines Wissens gibt es unheimlich viele weiße Flecken, und ich habe überhaupt kein Problem damit.

Was ich wohl habe, ist eine Methode, mir die Welt anzueig-nen. Mein Gehirn rattert die ganze Zeit. Wenn ich eine Ampel-schaltung sehe, frage ich mich, wie die arbeitet (und warum die keiner optimiert), und so geht es mir bei vielen anderen Dingen im Alltag auch. Man könnte vielleicht sagen, dass ich viele Dinge einfach als »Black Box« sehe und dabei dann fortlaufend »Re-verse Engineering« mache, aber das ist mir dann wieder zu sehr Expertendeutsch.

Wenn ich meine punktuelle Ahnungslosigkeit so offen lege,

glauben manche, ich will sie veralbern oder ich würde verzweifelt nach Komplimenten fischen, so nach der Art: »Also, dann müssen Sie ein Naturtalent sein.«

Nö, bin ich definitiv nicht. Um noch mal auf das Kartfahren zurückzukommen. Ich fahre immer noch am liebsten in der Halle, und letztens hat es mich mal wieder gejuckt, und nach zehn Runden hatte ich auf einer mir bis dato unbekannten Kartbahn die Bestzeit des Tages aufgestellt. Nicht weil ich der beste Kartfahrer bin, sondern weil ich über die Jahre das Schätzen so gut gelernt habe, und das kommt einem gerade bei einer neuen Kartbahn sehr gelegen.

Ich glaube, was ich vielleicht wirklich gut kann, ist eine Situation einzuschätzen. Ich habe einen scharfen Blick für die Koordinaten, auf die es wirklich ankommt. Wenn mich jemand fragt: »Ich habe da mal was gesehen. Können wir das nicht auch machen?« Da habe ich recht schnell raus, ob das funktioniert oder nicht. Und meistens – nicht immer! – habe ich recht.

Jetzt sitze ich an einem Programm für* …

… eine Formel-1-Strecke. Das war schon immer ein Traum von uns, und natürlich haben wir den Ehrgeiz, dass die Autos nicht wie Slotcars in einer Führung immer stumpf im Kreis herumfahren. Das hatte uns schon als Kinder gelangweilt, obwohl wir – natürlich – auch eine Autorennbahn hatten. Jedes Rennen soll anders sein. Und ich denke, ich habe nach langem Suchen nun eine Lösung gefunden.

Viele andere hätten möglicherweise gesagt: Nimm dir doch eine Spielekonsole und kupfere da ab. Da wäre mit Sicherheit auch eine funktionale Lösung rausgekommen. Aber es wäre eben nicht meine gewesen.

---

* Achtung: Spoiler-Alarm. Wer nicht wissen will, was an Neuigkeiten in den nächsten Jahren ins »Miniatur Wunderland« kommt, sollte diesen Absatz überspringen.

Wobei ich nicht leugnen möchte, dass die Suche nach einer eigenen Lösung manchmal verdammt lange dauern kann. Beispiel gefällig? Wer sich übrigens nicht so für Technik interessiert, muss jetzt etwa zwei bis drei Seiten tapfer sein, oder sie einfach überspringen. Es gibt noch eine Alternative: nur die geschwafelten Kapitel meines Bruders lesen ... (Anmerkung Frederik: Frechheit! Und ich hab dich so gelobt.)

Will man die Realität in Modellen abbilden, stößt man auf eine Schwierigkeit. Das Modell kann man verkleinern, Zeit und Bewegung aber nicht. Einen Jumbo-Jet im Maßstab 1:87 kann man auf die Anlage stellen. Wenn man die Startgeschwindigkeit eines Jets – nehmen wir mal an, sie liegt im Schnitt bei 300 Kilometern pro Stunde – 87 Mal verkleinert, käme man im Modell auf eine Startgeschwindigkeit, die bei knapp über 3 Kilometer pro Stunde liegt. Was so lahm fliegt, kann niemals abheben. Da muss man wohl oder übel tricksen. Deshalb gibt es auf dem Knuffingen Airport auch keine real fliegenden Flugzeuge. Theoretisch hätte man Modellflugzeuge nehmen können, aber das hätte die Proportionen verdorben.

Bei Schiffen tritt dieses Problem noch einmal verschärft auf. Aus »Miniatur Wunderland«-Betreibersicht haben Autos und Züge einen entscheidenden Makel: Sie haben Räder. Züge entgleisen, Autos kommen von der Fahrspur. Und alles was sich dreht, geht irgendwann kaputt. Milliarden Staubkörner lauern, ohne je Eintritt bezahlt zu haben, über der Anlage, um ihr frevelhaftes Tun zu vollziehen. Schon 2004 wollten wir einen Hafen mit real fahrenden Schiffen bauen. Hier haben wir auch gleich ein Beispiel, wie sich Gerrit, der Situationen-Einschätzer, mal so richtig vergaloppiert hat. Ich meinte nämlich: »In acht Monaten kriegen wir das hin.«

Daraufhin bauten wir eine Hafenanlage, die 30 000 Liter Wasser fasste. Was für eine tolle Sache, eine technische und logistische Meisterleistung, aber verglichen mit dem Aufwand, den man braucht, um so eine Installation beim Denkmalschutz und bei der Versicherung durchzukriegen, waren das Peanuts.

Die Schiffe im Hafen sollten aber nicht an irgendwelchen Strippen durch die Gegend gezogen werden. Sie sollten sich wie ihre großen Schwestern per Ruder und Schiffsschraube bewegen. Und da lag das Problem. Für diejenigen, die nicht in einer Hafenstadt aufgewachsen sind: Wenn die Schiffsschraube sich dreht, entsteht Strömung. Das Wasser umströmt das Ruder und das Schiff kann gesteuert werden. Dreht die Schiffsschraube sich nicht oder in unserem Maßstab aus Gründen der richtigen Optik halt viel zu langsam, treibt das Schiff führerlos im Meer, und irgendwann muss der Kapitän der *Costa Concordia* erklären, was er die ganze Zeit gemacht hat.

Wenn man die Drehbewegung einer Schiffsschraube im Maßstab 1:87 oder mehr verkleinert, bleibt das Ruder also wirkungslos. Das ist einer der Gründe, weshalb sich Modellschiffe immer zu schnell bewegen. Wenn man das Problem mit der Langsamkeit gelöst hat, stellt sich die Frage nach der Computersteuerung. Kann der Computer die Position des Schiffes berechnen, kann er es auch steuern. Aber er muss eine Bewegung sehen. Wir hatten erst mit Kameras gearbeitet, aber die Bilder unterschieden sich nicht genug. Aus Computersicht dümpelten die Schiffe auf der Stelle. Dann versuchten wir es mit Ultraschall. Das war als Ortungsmethode super, wie jeder weiß, der sich noch an den Film *Das Boot* erinnert, aber es funktionierte nur, wenn der Raum leer war. Nahezu jede Bewegung erzeugt störende Ultraschallgeräusche. Ein leerer Raum im »Miniatur Wunderland« ist nicht wirklich in unserem Sinne, also haben wir weiter gegrübelt und an den Algorithmen gearbeitet. Dabei kamen wir voran.

Nun ergab sich aber das nächste Problem. Wenn das Ultraschallsignal vom Schiff auf die Membran des Lautsprechers trifft, muss die sich erst einschwingen. Das bedeutet, dass die

Das leidige Thema Schiffssteuerung. Oder: Wie Träume schlaflose
Nächte bereiten können.

Signale teilweise verzögert eintreffen und damit die Positionsbe-
stimmung erschweren.

Ich könnte noch absätzelang so weitermachen, aber ich vermute, es gibt Leser, die auch für einen Themawechsel dankbar
sind. Deshalb nur ganz kurz: Aus den acht Wochen wurde nichts,
wir planen nun einen funktionierenden Hafen für 2018. Da die
Kameras und Computer in der Zwischenzeit besser geworden
sind, sollte es diesmal klappen. Und nur eine kurze Nachbemer-
kung für alle diejenigen, die solche Themen spannend finden:
Auf unserem YouTube-Kanal gibt es Gerrits Tagebuch.

Ich muss gestehen, dass diese Jahre mit der nicht funktionierenden Schiffsteuerung mich wahnsinnig gemacht haben.
Ich habe den Running Gag schlechthin fürs Wunderland gelie-
fert, indem gefühlt sämtliche uns bekannten Wiederholungstäter (so nennen wir unsere vielen Besucher, die nicht zum ersten Mal zu uns kommen) jedes Mal fragen: »Und, was macht

die Schiffsteuerung ...« Dabei war das niemals böse gemeint, aber mich hat jede Nachfrage dennoch getroffen. Für mich sind Niederlagen fast immer ein Antrieb, und bei der Schiffsteuerung gab es bereits einige Niederlagen. Zwischendurch musste ich aufpassen, dass der Antrieb nicht überhitzt wurde. Daher kam mir die Abwechslung mit dem Flughafen und nun der Formel 1 sehr gelegen.

Diese eher High-Tech-Erfahrungen kamen natürlich erst lange nach der Kindheit. Mittlerweile sind unsere Teams so angewachsen, dass wir auf bestimmten Fachgebieten echte Cracks beschäftigen. Daniel zum Beispiel ist einer der besten Delphi-Programmierer, die es in Deutschland gibt. Ihn holten wir ins Team, als ich tatsächlich an einen Punkt gekommen war, an dem ich nicht mehr weiterwusste. Auch zeitlich, was das »Abarbeiten« meiner Wunschliste anging. Das ist ein weiterer Vorzug des Autodidakten-Lebens. Man darf nicht eitel sein, sonst kommt man nie ans Ziel.

Daniel genügt ein von mir geschriebener Code, um zu erkennen, dass hier kein Programmierprofi am Werk war. Und einen Fehler von mir findet er in fünf Minuten. Er sagt auch, dass ich nur zwei Prozent von dem ausnutze, was mein Entwicklungsprogramm »Delphi« bietet. Aber wenn es genau die zwei Prozent sind, die ich brauche – wo ist das Problem? Das ist doch dasselbe wie mit der Sprache. Linguisten haben ermittelt, dass man mit einem Grundwortschatz von sechshundert Wörtern schon sehr gut über die Runden kommt. Im Netz kommen die meisten Leute mit zweihundert aus. Es ist gut und beeindruckend zu hören, dass Koryphäen wie Shakespeare oder Goethe einen Wortschatz von um die zehntausend hatten, aber amplifiziert es die Impression der kognitiven Kongruenz evident, wenn einfach nur mit Fremdwörtern hantiert wird, von denen man nicht einmal sicher sein kann, dass der Adressat sie versteht? Und hätte ich meine Programme mit hochkomplexer Verschachtelung und optimaler Ausnutzung der Fähigkeiten der Programmiersprache geschrieben, würde Daniel sie nicht nach fünf Minuten verstehen. Das habe ich eben auch immer bewusst im Auge: Andere müssen es nachvollziehen können.

Es gibt noch eine weitere Sache, die mir aufgefallen ist: Ich bin nicht nur schwer für formalen Unterricht zu begeistern, ich tue mich auch schwer mit althergebrachten Organisationen und Strukturen. Oft sind sie das Gegenteil von »Trial and Error« oder »einfach machen«. Um auch dafür ein Beispiel zu nennen. Bei aller Begeisterung für die Feuerwehr ist das wahrscheinlich ein Grund dafür, dass ich nie bei der freiwilligen Feuerwehr oder etwas Ähnlichem mitgemacht habe.

Manche sagen, bestimmte Lösungen, die ich entwickelt habe, hätte man viel einfacher haben können. Und bei einem Profi wüsste man genau, was man bekommt. Aber genau da sehe ich das Problem. Das überraschende Moment, der gewisse Faktor X, der eine Sache spannend macht, bleibt dann nämlich aus.

Nicht zuletzt hat Vermarktung für mich einen entscheidenden Nachteil: Man muss das Produkt supporten und Kundendienst liefern, und dazu habe ich einfach keine Lust. Die Gefahr beim autodidaktischen Rumbosseln ist natürlich, dass man monatelang über Lösungen brütet, die es anderswo schon gibt. Das ist tatsächlich manchmal passiert. Dennoch hat sich für mich der Umweg gelohnt. Denn was ich dabei gelernt habe, fließt wieder in andere Projekte ein, es stärkt das eigene Selbstvertrauen und macht auch einfach Spaß.

Ich bin ziemlich sicher, dass diese Herangehensweise, die man zurückhaltend als »unorthodox« beschreiben könnte, einen großen Teil des Reizes vom »Miniatur Wunderland« ausmacht. Aber dahin war es damals noch ein weiter Weg.

Einstweilen zeichnete sich zwischen uns beim Basteln und Spielen eine Arbeitsteilung ab. Die einfachen Sachen bauten wir zusammen, bei den komplexeren zog ich mich dann zurück und bosselte allein weiter.

3. FREDERIK:

Sammler & Jäger

Wir haben ja nie ein Geheimnis aus unserer Eisenbahn- und Feuerwehrleidenschaft gemacht. In der Verwandtschaft reagierte man erleichtert, weil niemand mehr überlegen musste, was er uns zum Geburtstag oder zu Weihnachten schenken sollte. (Da die beiden Ereignisse bei uns nur drei Tage auseinander lagen, kam es auch immer wieder mal vor, dass ein Geschenk für beide Anlässe reichen musste. War halt so.) So bekamen wir auch ein paar Fachbücher zum Thema Eisenbahntechnik und Verwandtes, aber das hat uns nie wirklich interessiert. Wir wollten die Lokomotiven in der Wirklichkeit sehen und dann die Realität zu Hause nachspielen; irgendwelche Finessen, ob da Neunzehnhundertundsowieso mal ein Schrankenwärter über eine Weiche gestolpert war, waren für uns eher nebensächlich.

Inzwischen war unser Vater aus Süddeutschland wieder zurück nach Hamburg gezogen, und auch das Verhältnis zwischen ihm und unserer Mutter hatte sich, wie anfänglich erwähnt, wieder verbessert, sodass er regelmäßig mit uns an einen Bahnübergang ging, wo wir Züge beobachten konnten. Genauer gesagt, war das der Übergang Brauner Hirsch* zwischen Ahrensburg und Hamburg-Volksdorf, an der Strecke Hamburg–Lübeck. Da komme ich auch heute noch regelmäßig vorbei und erinnere mich bei jeder Überquerung an unsere tolle Zeit.

---

* Wir waren wirklich sehr oft an diesem Bahnübergang. Dennoch hat seine Bezeichnung nichts mit unserem Familiennamen zu tun.

47

Die legendäre »Krokodil«, nicht am Nil, sondern im »Miniatur Wunderland«.

Das war für uns mit das Größte. (Die Leidenschaften für Feuerwehren und Züge hatten sich mittlerweile arrangiert und lebten miteinander in friedlicher Koexistenz.)

Wie wir bei den Feuerwehren angefangen hatten, über unsere Beobachtungen Buch zu führen, machten wir hier weiter. Wir schrieben auf, welche Loks wir gesehen hatten, ob der Lokführer gewinkt oder – Jackpot! – sogar gehupt hatte, als er uns gesehen hatte. Manchmal haben wir auch einfach nur Groschen auf die Schienen gelegt. In meiner Erinnerung waren es sicherlich hundert Besuche und wunderbare Stunden mit unserem Vater und unserem kleinen Bruder Sören, der sozusagen Nummer drei in unserer Familienbande wurde. Mein Vater hatte nach einigen Jahren Inga geheiratet und uns damit nicht nur eine wunderbare

Stiefmutter geschenkt, sondern auch diesen sieben Jahre jüngeren Bruder.

Absolutes Highlight für uns als Trainspotter war es, wenn wir eine Lokomotive mit dem Spitznamen »Krokodil« gesehen hatten. Mehrere Elektro-Lokomotiven der Bundesbahn wurden im Laufe der Geschichte mit diesem Kosenamen belegt, aber sie hatten alle dieselben Merkmale. Eine »Krokodil«-Lok ist meist grün und hat eine lange Schnauze. Mehr muss man nicht sagen, jeder, der diese Maschine einmal gesehen hat, versteht sofort, wie sie zu diesem Spitznamen gekommen ist. Im Märklin-Katalog waren die »Krokodile« das absolute Spitzenprodukt, insofern also in mehrfacher Hinsicht das Objekt der Begierde. Allerdings wurden sie von der Bundesbahn vor allem in Süddeutschland eingesetzt, weswegen wir uns wie Bolle freuten, als wir sie bei einem Verwandtenbesuch in der Nähe von Würzburg tatsächlich erleben konnten.

Das Sammeln und Katalogisieren von Beobachtungen war schon fast so gut wie der Besitz. Damals haben wir ohnehin so gut wie alles gesammelt. Briefmarken eher weniger, aber dafür Zigarettenschachteln, Zuckertüten, Bierdeckel, Miniaturflaschen, Spardosen, Knibbelbilder aus Cola-Flaschendeckeln, Kronkorken allgemein und was weiß ich noch alles. (Falls es heute noch jemanden interessiert: »Knibbelbilder« waren Motive, die auf die Dichtungsgummis der Deckel von Cola-Flaschen aufgedruckt wurden. In den frühen achtziger Jahren war das eine ganz große Sache. Nicht nur bei gewissen Zwillingen in Hamburg.)

Irgendwie muss es in unseren Genen liegen, dass wir fast alles mit einer Mischung aus Systematik und Verspieltheit angehen. Wenn wir etwas gesammelt haben, dann niemals nur »etwas«. Es musste viel sein, verdammt viel, ein bei anderen großes Kopfschütteln auslösendes Viel, oder besser gesagt: alles! Wie James Bond schon feststellte: Die Welt ist nicht genug.

Wir sind dann zu Coca-Cola in die Kieler Straße gefahren und haben dort wie zuvor bei der Feuerwehr am Eingang gewartet, bis die großen Lastwagen von ihren Touren zurückkamen. Vollgestopft mit Leergut. Damals waren die an den Seiten noch offen und hielten vor der Einfahrt zum Gelände auf einem kleinen Vorplatz. Wenn der Fahrer zum Pförtner ging, um sich anzumelden, haben wir gefragt, ob wir auf die Ladefläche klettern und Deckel abschrauben dürfen. Ungefähr jeder zweite Fahrer hat ja gesagt. Man konnte gar nicht so schnell schauen, wie zwei kleine Wirbelwinde den Wagen erklommen hatten und die eine, maximal zwei Minuten nutzten, um so viele Flaschendeckel wie möglich abzuschrauben und in die Tüten zu werfen, bevor der Fahrer zurückkam. Irgendwann muss der Pförtner zu der Erkenntnis gekommen sein, dass wir möglicherweise einen kleinen Schatten hatten, aber ansonsten harmlos waren, jedenfalls machte er uns eines Tages ein Angebot, das wir nicht ablehnen konnten: Er stellte regelmäßig Verkehrshütchen auf dem Parkplatz zur besseren Übersicht für die Fahrer auf und fragte uns unvermittelt, ob wir die für ihn aufstellen könnten; als Belohnung bot er uns die Möglichkeit an, aufs Gelände zu kommen, um dort den Schuttcontainer durchzuwühlen. Da waren wir für einen Moment im Knibbelbildersammlerschlaraffenland. Heute glaube ich, dass er nur einen Grund suchte, uns für einen Moment zu den glücklichsten Sammlerkindern der Welt zu machen.

Nun ist das auch wieder so eine Sache, die Seelenklempner aller Couleur beschäftigt: Warum sammeln Leute, und werden sie dabei wirklich glücklich? Die Erklärung geht dann oft in die Richtung, dass Sammler nach einer gewissen Ordnung in der Welt suchen und nach einer gewissen Vollständigkeit und Abgeschlossenheit streben, wie sie sich nur bei einer kompletten Sammlung bieten.

Da mag was dran sein, aber wie vielleicht jeder, der mal als

Kind einen glitzernden Plastikring aus einem Automaten gezogen und ihn seiner Sandkastenfreundin geschenkt hat, weiß – man kann in diesen Dingen ganz einfach auch eine gewisse Schönheit sehen, die mit Sicherheit vor allem im Auge des Betrachters liegt, aber deshalb nicht weniger real ist.

Sammeln bedeutet auch das Anhäufen von Glücksmomenten. Das augenscheinliche Ziel scheint die Vervollständigung der Sammlung, aber in Wirklichkeit sind es doch die ständigen Erfolgserlebnisse, wenn man wieder eines der begehrten Stücke dazubekommt. Was natürlich zur Folge hatte, dass der Cola-Pförtner, vermutlich ohne es zu wollen, unsere Knibbelbildersammelleidenschaft aufgrund der jetzt vielfach erlangten Vollständigkeit der Sammlung abrupt beendete …

Gerrit zum Beispiel sammelt heute Red-Bull-Dosen aus aller Welt, und er sagt, wenn er die verschiedenen Designs und Aufdrucke studiert, dann findet er das halt irgendwie spannend. Ich kann ihn da sehr gut verstehen, manch andere Leute vielleicht nicht. *Whatever, it's a free country.* Als ich zuletzt in Amerika war, habe ich ihm eine 0,75-Liter-Red-Bull-Dose aus New York mitgebracht. (Anmerkung Gerrit: Danke. Du weißt aber schon, dass ich nur 0,25-Liter-Dosen sammle?)

Jedenfalls haben wir nie gesammelt, um mit unseren Kollektionen Geld zu verdienen, aber die Finanzfrage stellte sich immer dringender. Was wir an Taschengeld bekamen, ging für Märklin, Wiking & Co drauf, und obwohl unsere Eltern sehr darauf bedacht waren, dass es uns im Rahmen ihrer Möglichkeiten an nichts mangelte, kamen wir mit unseren Wünschen stets an die Grenzen unseres Budgets. Und ganz ehrlich, wir wären an die Grenze *jedes* Budgets gekommen. Mein immer noch Lieblingsverein HSV hat heute einen Klaus-Michael Kühne, der dem Fußballverein so gut wie jeden Wunsch erfüllt, aber die meisten Leute müssen für ihre Träume arbeiten. So auch wir. Und damit haben wir schon früh begonnen. Irgendwie macht das Erarbeiten auch viel mehr Freude, und zumindest wenn man meinen geliebten HSV anschaut, meistens auch erfolgreicher.

Für den neuen Freund unserer Mutter haben wir zum Beispiel am Sonntag auf dem Fischmarkt Zeitungen verkauft. Da waren wir gerade acht Jahre alt und hätten das eigentlich laut Gesetz wohl nie gedurft, aber wir fanden es großartig. Und wir haben viele Zeitungen verkauft, sehr viele. Das haben wir einige Sonntage lang gemacht. Dann kamen wir auf eine Idee, auf die viele Kinder kommen. Wir haben uns vor die Grindelhochhäuser gesetzt und auf einer Decke die Spielzeuge ausgebreitet, die wir verkaufen wollten. Aber mit einem Trick. Denn wir haben die Sachen nicht einfach so angeboten, sondern Lose verkauft, mit denen man die Spielsachen gewinnen konnte. Ich müsste eventuell noch irgendwo ein Los haben. Eins kostete 20 Pfennig, drei 50. Wir hatten sogar einen eigenen Ziehungsapparat gebaut. (Wobei *wir* nicht ganz richtig ist; wer bisher aufmerksam gelesen hat, der weiß, wer ihn gebaut hat.) Ich will auch gar nicht drum herumreden, es gab schon ganz schön viele Nieten in der Tombola, aber Behauptungen gewisser Nachbarskinder, die Lotterie hätte ausschließlich aus Nieten bestanden, weise ich aufs schärfste zurück.

Dann drängte sich natürlich die Idee auf, unsere Sammelleidenschaft finanziell etwas aufzupimpen. In unseren Kinderzimmern stapelten sich inzwischen Mickymaus-Hefte, was natürlich damit zusammenhing, dass wir erstens Fans waren und zweitens die Hefte sammelten. Wenn irgendwo ein Flohmarkt stattfand, sind wir gleich morgens hin und haben alle Hefte aufgekauft, die billiger als 30 Pfennig waren. Dabei ließ es sich nicht vermeiden, dass man auch das eine oder andere über den Wert der Hefte lernte. Für den Laien mögen alle Hefte gleich aussehen, aber für den Fan entstand mit dem neuen Logo, das seit Mitte der siebziger Jahre verwandt wurde, eine völlig neue Ära. Und Ende der siebziger Jahre kam wieder ein neues Design. Laut Wikipedia hat die Erstausgabe eines Mickymaus-Heftes heute einen Wert von 12 000 Euro, vorausgesetzt, es ist frei von Knicken oder anderen Beschädigungen. Damals konnten wir das dritte Heft unser Eigen nennen, was damals einen Marktwert von ungefähr 1000 DM hatte. Vielleicht hätten wir es einfach noch eine Weile behalten sollen.

Jedenfalls begannen wir bald, unsere Sammelmethode zu standardisieren. Morgens wurde, wie gesagt, alles auf dem Flohmarkt aufgekauft, was für 30 Pfennig und weniger zu haben war, am Nachmittag haben wir uns dann vor den Flohmarkt gesetzt und unsere doppelten Hefte ungefähr 20 Pfennig teurer verkauft. Dass wir damals Zehnjährigen unbewusst das Prinzip des Monopols und der Preisdiktatur für uns und den betroffenen Flohmarkt entdeckten, war uns allenfalls ergebnisorientiert, nicht jedoch moralisch bewusst. Erinnern kann ich mich noch wie heute daran, was für Emotionen der Gedanke an einen florierenden Flohmarkt bei mir erzeugt hatte. Schlaflose Nächte! Vorfreude pur! Aufstehen um sechs Uhr mit einem fetten Lächeln im Gesicht. Noch heute stehe ich jeden Morgen gerne auf und kann es nicht erwarten, ins »Wunderland« zu fahren. Ist es nicht das größte Geschenk, eine Arbeit zu haben, bei der man auch nach 16 Jahren jeden Morgen gerne auftaucht?

Am Ende haben wir wohl so an die 10 000 Hefte besessen. Die wir dann Jahre später für um die 10 000 DM verkauft haben. Auch wenn es jetzt in manchen Ohren möglicherweise unglaubwürdig klingt, der finanzielle Segen war bei der ganzen Sache immer nur mehr oder weniger »Beifang« gewesen. Wir hätten keine Mickymaus-Hefte gesammelt, wenn sie uns nicht selbst interessiert hätten. Leicht vergröbert könnte man formulieren: Wir waren schon Dealer, aber mit einem mächtigen Eigenbedarf. Und weil wir eben selber Fans waren, entwickelten wir mit der Zeit ein Gespür, wo rare Hefte zu bekommen und Schnäppchen zu machen waren. Das eine ohne das andere hätte nicht funktioniert. Ein leidenschaftlicher Mickymaus-Fan ohne eine Business-Ader wäre wahrscheinlich früher oder später unter der Brücke gelandet (na ja, wenigstens hätte er sich dann mit seinen Heften zudecken können), ein nur kalt nach Listen kalkulierender profitorientierter Sammler hätte sich etwas verdient, aber früher oder später wäre dann auch der Spaß auf der Strecke geblieben. Ich zumindest glaube bis heute, dass dieser Mix den Erfolg ausmacht. Zumindest wird diese Überlegung auch später, wenn es um das »Miniatur Wunderland« geht, wieder auftauchen. Aber ich will auch nicht leugnen, dass Gerrit das in einigen Punkten anders – lies: idealistischer – sieht.

Zur Leidenschaft für die kleinen Disney-Mäuse kam dann bei mir die Fußballbegeisterung hinzu. Mir ist bewusst, dass Leute von außerhalb denken, ein Hamburger muss sich früher oder später zwischen zwei Vereinen entscheiden: Hamburger SV oder St. Pauli, aber für mich gab es damals – als die Ära Kevin Keegan ausklang und die bis heute erfolgreichste Epoche mit dem Dreigestirn Magath-Netzer-Happel begann – nur den HSV. Was nicht heißt, dass ich Leute, deren Herz für den Verein am Millerntor schlägt, nicht verstehen kann. Ich freue mich sogar über jeden Sieg von St. Pauli, natürlich außer gegen meinen HSV. Nur Leute, die mit so Sprüchen kommen wie »Auch HSV ist heilbar«, können meine Emotionen doch etwas schneller als gewollt zum Kochen bringen.

Im Innocentiapark haben wir damals selbst viel Fußball gespielt, bis zu drei Stunden am Tag, aber das war uns noch nicht genug. Es könnte sogar sein, dass der gute alte Hausmeister John mit seinen überbordenden Radiokenntnissen uns darauf aufmerksam gemacht hat, dass der HSV zwischen den Spieltagen in Ochsenzoll trainierte.

Und so standen bald nicht nur Rentner, die sowieso immer alles besser wussten und noch von »Uns Uwe« schwärmten, am Rande des Trainingsgeländes, sondern auch ein kleiner Junge mit seinem Fahrrad, der staunend sah, dass seine Helden aus der Nähe betrachtet tatsächlich wie ganz normale Menschen aussahen.

Und irgendwann fasste sich ein gewisser Frederik ein Herz und fragte nach einem Autogramm. Und als er eins bekam, kamen schnell weitere dazu, und spätestens als ich das erste Mal von einem Spieler eine Autogrammkarte bekam, dämmerte mir so langsam, dass ich a) nicht der Einzige mit diesem Hobby war und dass b) die Welt der Autogramme viel, viel größer war.

Natürlich habe ich auch vorher gewusst, dass es Autogramme und Sammler gibt, aber die erste sinnliche Erfahrung machte ich eben am Rand des Trainingsgeländes, und zumindest entstand hier eine Ahnung, welche weite verborgene Welt sich hinter diesen Kritzeleien verbarg. Eine Welt, die geradezu danach schrie, gesammelt zu werden ...

Meine Sammlung wuchs schnell. Zu den Spielern des HSV kamen Kicker von anderen Vereinen, bald auch Nationalspieler, dann auch andere Sportler. Skispringer und natürlich Tennis, man darf nicht vergessen, dass Mitte der achtziger Jahre der Boom um Boris Becker begann. Aber bei Sportlern war für mich noch lange nicht Schluss. Ich sammelte schnell auch Politiker, Weltstars und andere Showgrößen. Und selbstverständlich passierte bald dasselbe wie bei den Mickymaus-Heften. Es stellten sich doppelte Exemplare ein, und ich wollte, dass meine Sammlung immer größer wurde.

Im Fußball-Magazin *Kicker* konnte man damals für 20 DM eine Kleinanzeige schalten. Das habe ich mehrfach gemacht. Und beim Studium der Kleinanzeigen fiel mir auf, dass für eine Autogrammkarte circa eine DM gezahlt wurde, für Weltstars sogar teilweise deutlich mehr. Da fing ich an zu rechnen, wie ich meine doppelten Autogramme eventuell nutzen könnte, um noch mehr Autogramme zu bekommen. Mittlerweile hatte ich gelernt, dass man sich für Autogramme nicht an Spielfeldrändern oder Roten

Teppichen rumtreiben musste, man konnte seine Wünsche auch ganz einfach per Post äußern. Das kostete allerdings viel Geld. Das waren dann 50 Pfennig Porto für die Anfrage und noch mal 50 für das Rückporto. Aber die Doppelten waren meine große Chance! Wenn man also den marktüblichen Preis von einer DM für ein Autogramm zugrunde legt, dann wäre das Ganze ein Nullsummenspiel gewesen. Aber so wäre meine Sammlung nie gewachsen. Ich musste mir etwas einfallen lassen.

Vorab möchte ich bemerken, dass die folgenden Ideen zwar funktioniert haben, ich aber dennoch Nachahmern davon abraten möchte. Jedenfalls kam ich auf die Idee, den Stars zu schreiben, dass ich im Namen einer Gruppe von elf Freunden spreche. Die Zahl Elf hatte nichts mit Fußball oder so zu tun, sondern der Grund war ganz einfach: Ab zwölf Autogrammkarten hätte ich mehr Porto bezahlen müssen. Die »elf Freunde« bekundeten in ihrem Brief ihre schrankenlose Begeisterung für den Star, und weil sie eben jeder ein eigenes Abbild haben wollten, baten sie um das knappe Dutzend.

Die Reaktion war geradezu sensationell. So gut wie jeder zweite Star antwortete auf »unsere« Anfrage, bald konnte ich Anzeigen im *Kicker* schalten, in denen ich nicht mehr nach Autogrammen fragte, sondern Angebotslisten verschickte.

Und wie es halt so ist: Wenn es dem Esel zu wohl wird, geht er aufs Eis tanzen. Irgendwann waren mir die elf Karten nicht mehr genug. Ich schrieb den vielen Stars einen Brief mit einem ganz speziellen Wunsch. Mein Vater stünde kurz vor seinem fünfzigsten Geburtstag und er wäre ein genauso großer Fan von dem Angebeteten wie ich, und wenn es aus Anlass des Fünfzigsten möglich wäre, fünfzig Autogrammkarten zu schicken ...

Ich weiß, es ist nicht schön, das zuzugeben, aber es hat funktioniert. Für einen Porto-Einsatz von 3 DM gab es also Autogramme mit einem Wert von 50 DM oder gar mehr. Wenn man das heute auf die Profitrate umrechnet, sind das damals

Regionen gewesen, die man sonst nur als Investment-Banker erreicht.

Das Gemeine war, dass diese Idee noch besser funktionierte als der Trick mit den »elf Freunden«. Allerdings muss ich heute gestehen, dass es mir beim Schreiben dieses Buches manchmal schwer von den Tasten ging, es als Idee zu bezeichnen. Wenn die Hände beim Schreiben feucht werden, versteht man spätestens, dass man das, was man damals als Idee und Euphorie erlebte, vielleicht doch als großen Schummel oder gar Betrug bezeichnen könnte. Aber das erzähl mal einem 14-jährigen Sammler, der nur ein Ziel vor Augen hat: noch mehr Autogramme. Wie gut diese Briefe funktionierten, konnte man an den Reaktionen der Stars sehen, die teilweise deutlich über die Erfüllung eines »normalen« Autogrammwunsches hinaus gingen. Eines meiner großen Idole, ein legendärer Torwart des HSV, rief sogar persönlich an und wollte zum Geburtstag vorbeikommen. Ein großer deutscher Liedermacher, der viel Zeit in seinem Leben über den Wolken verbracht hat und fast immer zitiert wird, wenn irgendwo in Deutschland Freunde Freunden gute Nacht sagen, schrieb einen langen lieben Brief, weil sein Sohn auch auf den Namen Frederik hörte. Es folgten noch fast zwei Dutzend anderer Anrufe, und dann kam die Krönung. Es war mitten in der Nacht, als das Telefon klingelte und eine dunkle Stimme sagte:

»Muhammad Ali speaking. Is this Frederik?«

Ich dachte zuerst, was wohl jeder Mensch in dieser Situation gedacht hätte: Wer will mich denn da verscheißern? Jetzt, nachts um drei? Aber nach einer Weile begriff ich, dass da am anderen Ende tatsächlich der große Schwergewichts-Champion den Hörer in der Hand hielt. Und dann wurde mir schlagartig bewusst, dass ich mit meinem mangelhaften Schulenglisch wohl kaum eine funktionierende Konversation würde durchhalten können.

Aber wozu hat man Verwandte? Ich drückte Gerrit den Hörer

in die Hand. Dessen Englisch war zwar auch nicht perfekt, aber immer noch etwas besser als meins. Gerrit begriff, dass Ali meinen Vater sprechen wollte, um ihm persönlich zum Geburtstag zu gratulieren. Ich weiß nicht mehr, welche Ausrede Gerrit erfunden hat, warum der Jubilar nicht ans Telefon kommen konnte, jedenfalls traf einige Tage später ein signiertes Autogramm des Boxers mit einer persönlichen Widmung für »Mr. Braun« ein. Dazu ein Brief mit Bezug auf das Telefonat und eine unterschriebene Dollarnote, die ich dem Brief beigelegt hatte, da ich in Deutschland kein amerikanisches Porto für die Rückantwort bekommen konnte.

Was Muhammad Ali bewog, ausgerechnet auf die Anfrage eines kleinen Jungen aus Hamburg, Germany, persönlich am Telefon zu antworten, weiß ich bis heute nicht. Vielleicht wirkte in den Staaten der Name Max Schmeling noch so stark nach, dass Hamburg in der Boxgemeinde selbst auf der anderen Seite des großen Teichs immer noch eine besondere Adresse war.

Es könnte aber auch sein – und das bitte ich jeden zu bedenken, für den so eine kleine Trickserei moralisch ein absolutes No-Go ist –, dass der Ton der Briefe in den Herzen der Empfänger eine Saite zum Klingen gebracht hatte, die sie so vorher noch nicht gehört hatten. Denn ich möchte noch mal betonen, was ich schon weiter vorn bei den Mickymaus-Heften gesagt hatte: Mein Fan-Sein war nicht geheuchelt. Ich mochte und bewunderte viele dieser Leute tatsächlich, vielleicht nicht unbedingt die Politiker, aber die meisten anderen. Und am Ende macht der Ton die Musik. Zumindest glaube ich an meine Fähigkeit, Dinge so zu sagen, wie ich sie meine, und an den Formulierungen so lange zu feilen, bis ich von ihnen überzeugt bin. Das halte ich auch heute noch so, egal ob es um Texte in den sozialen Medien geht oder Presseverlautbarungen oder Derartiges: Wir nehmen keine PR-Agenturen oder Ähnliches in Anspruch. Wenn wir etwas sagen, kommt es immer direkt von uns.

Aber ich gebe zu, die Fähigkeit, Leute zu begeistern und zu bewegen, haben wir – ich beziehe Gerrit da ausdrücklich mit ein – schon früh erkannt. Solange man diese Fähigkeit für gute Zwecke einsetzt, gibt es dagegen auch wenig zu sagen.

Ich muss aber ehrlich zugeben, dass ich nach diesen Erfolgen auch eine gewisse Neigung ins Schrankenlose hatte. Als ich Briefe schreiben wollte, die mit Sätzen wie »Wir sind eine Schulklasse von fünfundzwanzig Schülern ...« begannen, zeigte mir Gerrit einen Vogel und machte mir klar, dass es irgendwo auch Grenzen gibt. Aber am Ende war auch so das Ziel erreicht. Ich gehörte zu den größten Autogrammjägern im Land. Ich konnte meiner Leidenschaft frönen und sehr oft ins Kino gehen, da ich nicht immer alles Geld wieder in Porto für Autogramme investierte. Ins Stadion sowieso. Nennen wir es mal Weiterbildung, um zu schauen, wer bekannt ist.

Auch die Autogramme waren erneuter Beweis für unseren Ehrgeiz, Perfektionismus und Willen, den wir in wenigen Sekunden entwickeln, wenn wir ein neues Ziel haben. Und manchmal erschrecke ich heute, wenn ich meine Kinder anschaue. Es ist schon bemerkenswert, dass meine beiden Söhne mit gerade mal zwei und drei Jahren an keiner Baustelle vorbeifahren können, ohne meiner Frau Johanna und mir klarzumachen, dass wir jetzt hier anzuhalten haben. Oder meine dreijährige Tochter, die *uns* erzählt, wie Pferde geputzt, gepflegt und geritten werden, und dass sie natürlich mindestens eins braucht. Klar, das machen alle Kinder, aber irgendwie wirkt das hier schon wieder gefährlich extrem. Wir sind gespannt, was daraus wird. Wir drei Wunderländer haben derzeit neun Kinder, da sind jetzt schon einige Facetten zu sehen, die uns ein gutes Gefühl für unsere etwaige Nachfolge geben.

Die ganz Aufmerksamen unter Ihnen haben es schon bemerkt: Ja, ich habe Zwillinge, und ich sehe jetzt schon die wunderbaren Parallelen, die ich so sehr an dem größten Geschenk meines

Lebens, einen Zwillingsbruder zu haben, liebe. Wenn sie sich unbeobachtet fühlen und Arm in Arm ums Haus gehen, lacht mein Herz vor Freude.

Mit der Pubertät wurden dann plötzlich die Autogramme etwas unwichtiger. Als wir in den neunziger Jahren in der Party-Szene mitmischten, traf man immer öfter auf Namen, die mir aus der Autogrammwelt natürlich geläufig waren. Das Nachtleben lebt davon, dass irgendwo auch prominente Nasen auftauchen. Über die RTL-Nachrichtensprecherin Annett Möller kann man noch heute immer mal wieder lesen, dass sie in Discos als Gogo-Tänzerin gearbeitet hat (allerdings nicht bei uns, im Gegensatz zu einer bekannten Hamburger Spielerfrau / Exfrau / Spielerfrau / Exfrau). Yasmina Filali, die Fußballfans vor allem als Gefährtin von Thomas Helmer bekannt sein dürfte, hatte in einem Club mal »die Tür gemacht«, und Moritz Bleibtreu wurde öfter bei unseren Freunden und Konkurrenten vom Kontor gesehen. Ein Nebeneffekt der Partys war für uns, dass wir selbst in Hamburg plötzlich immer bekannter wurden. Das Voilá stand schließlich für Frederik & Gerrit. Die *Bild* hatte damals angefangen, in ihrer Lokalausgabe am Montag und Freitag immer eine Szene-Seite zu veröffentlichen. Das war schon toll, wenn man da auftauchte. Und wenn man auch noch ein hübsches Mädel an der Seite hatte – tja, man kann das nicht leugnen, das war schon eine oberflächliche, sehr spaßorientierte Zeit. Allerdings ist es am Anfang vielleicht noch ganz schön, wenn man seinen Beziehungsstatus anhand der Szeneberichte dokumentieren kann – so was wie Facebook gab es ja damals noch nicht –, aber spätestens wenn eine Beziehung vor aller Augen in die Binsen geht, kann das sehr schmerzhaft sein. Deshalb bin ich in den letzten Jahren in diesem Punkt auch vorsichtiger und zurückhaltender geworden. Wobei das auch gar nicht mehr nötig ist, denn die Hörner sind gewissermaßen abgestoßen, und zu einem öffentlichen Streit gehören nun mal meistens zwei. Meine wunderbare

Frau Johanna würde so etwas glücklicherweise auch niemals zulassen. Sowieso halte ich viel von dem in der heutigen Zeit als überholt geltenden Satz »Bis dass der Tod euch scheidet«. Und wie Gerrit will ich mindestens hundert werden. Da hat Johanna mich also noch lange an der Backe. Hoffe ich zumindest. Und da ich das hier jetzt einfüge, nachdem Johanna das Buch probegelesen hat, bin ich mal gespannt, ob sie es irgendwann liest. (An alle Freunde und Verwandte: Gebt ihr bitte keinen Tipp!)

Johanna, ich bin dir so unendlich dankbar, dass du trotz deiner anfänglichen Bedenken deinem Herzen gefolgt bist und mich zum glücklichsten Mann der Welt gemacht hast. Jeder Tag mit dir ist ein Geschenk. Na ja, fast jeder Tag. Meine Emotionalität gepaart mit einigen auch nicht so guten Eigenschaften machen dir das Leben manchmal auch etwas schwer. Das sind zum Glück immer nur kurze Momente, und genau sie lassen die glücklichen Momente in einem noch schöneren Licht scheinen. Mein Leben ist so großartig, und das zu einem bedeutenden Teil durch dich. Ich freue mich schon jetzt auf unser nächstes Date. Wir haben noch mindestens 2500 Dates vor uns!

Dein Frederik

Sorry, dass ich Sie kurz damit belästigen musste, ist mir gerade so beim letzten Probelesen eingefallen. Wer sich jetzt fragt, was das mit den Dates auf sich hat, dem kann ich das ganz leicht erklären. Mein Lieblingsautor John T. Lescroart hat an die 20 Bücher geschrieben. Immer mit demselben Hauptdarsteller Dismas Hardy. Man wächst mit ihm. Er lebt in den Büchern inzwischen in zweiter Ehe und hat irgendwann für sich ein Rezept herausgefunden, wie er den Fehler seiner ersten Ehe meint jetzt vermeiden zu können. Egal was er gerade für einen Fall löst, einmal in der

Woche, an einem festen Termin, hat er ein Date mit seiner Frau. Unumstößlich. Und das funktioniert. Und da alles, was in Büchern klappt, auch in der Realität funktioniert, machen wir das auch so. Und das ist großartig. Kein Handy, kein Laptop, kein Fernsehen, keine Kinder, nur wir beide. 52 Mal im Jahr. Wunderbar, erfrischend, verbindend und teuer.

Jetzt aber weiter im Text. Wir waren bei den Stars im Nachtleben stehengeblieben.

Im Voilà legte damals auch Alex Christensen *(Das Boot)* Platten auf, und Alex hatte einen Kumpel, der oft ganz dankbar schien, dass er mitmachen und mitfeiern durfte. Wohl niemand wäre auf die Idee gekommen, dass der kleine Kerl ein berühmtes Unterwäschemodell war. Aber heute ist Mark Wahlberg, der damals noch den Künstlernamen »Marky Mark« trug, mit 68 Millionen Dollar pro Jahr einer der am besten bezahlten Schauspieler Hollywoods. Marky Mark hatte damals meistens seinen Kumpel dabei, einen Boxer mit polnischen Wurzeln, der nicht immer ein Vorbild in Sachen Sporternährung war – um es mal vorsichtig auszudrücken. Eines Abends haben ein *Bild*-Reporter und ich ihn aus dem Voilà getragen und ins Taxi gesetzt. Kein Foto erschien irgendwo. Heute in Zeiten von iPhone & Co undenkbar.

Wenn wir schon bei Boxern sind, so war es doch sehr überraschend, dass uns eines Nachts sogar Evander Holyfield besuchte. Gerrit schlug ihn hinten im Lager beim Kickern, und wir alle konnten sein gerade von Mike Tyson abgebissenes Ohr nur zu gut erkennen. Das war schon ein merkwürdiges Gefühl. Hätte es bereits Facebook & Co gegeben, hätte er bestimmt nicht mit uns so locker gedaddelt. Mit der Zeit hatten wir richtige Stammgäste aus Prominentenkreisen. Man könnte jetzt Geschichten erzählen über Leute, die bei den Trinkgeldern besonders spendabel waren oder so lange Zigaretten schnorrten, bis selbst der geduldigste Barkeeper erst mal ärgerlich wurde, um dann fünf Minuten nach der Verabschiedung des Stars ihn wieder vor sich stehen zu sehen mit den Worten »Ich habe dir mal 'ne neue Schachtel aus dem Automaten gezogen, danke für den tollen Abend«. Aber letztlich bewies das vor allem eines: Auch prominente Menschen sind nur Menschen. Was mich aber nicht hindert, sie weiterhin irgendwie zu bewundern. Ich weiß nicht warum, aber es macht mir einfach Spaß. Als endlich die Hamburger Elbphilharmonie eröffnet wurde, standen wir auf der Gästeliste und hatten somit das wahnsinnige Glück, Karten fürs Eröffnungskonzert in den Händen zu halten. Da bin ich dann mit Gerrit, Micky und Johanna über den Roten Teppich gegangen und wurde, wie inzwischen üblich bei solchen Veranstaltungen, von vielen Fotografen abgelichtet, was wahrscheinlich an unseren tollen Ehefrauen lag. In jedem Fall ist es immer noch gewöhnungsbedürftig, und es macht mich verlegen. Aber was ich Ihnen sagen wollte, immerhin drei Stunden vorher habe ich mich zum Leidwesen der anderen drei an den Roten Teppich gestellt, weil ich einfach wissen wollte, wer noch so kommt und wie die ihren Auftritt inszenieren.

2002 war der Boxer Wladimir Klitschko der erste größere Prominente, der im »Miniatur Wunderland« Station gemacht hatte. Das hat uns schon damals sehr geholfen, weshalb wir ihm auch heute noch dankbar sind für seinen Besuch. Jetzt geht es bei den Prominentenkontakten selbstverständlich nicht mehr darum, irgendwelche Autogramme abzustauben. Die prominenten Besucher erreichen uns auf erstaunlich unterschiedlichen Wegen. So gibt es einen Großteil, der sich ganz normal in der Schlange anstellt und dort auch sein Herkunftsland nennt (was wir für die Statistik bei jedem Besucher abfragen). Wenn unsere Kassierer da in Sachen Popkultur vielleicht mal nicht so auf Zack sind, kann es durchaus passieren, dass mal die Eine oder der Andere durchrutscht. Das erfahren wir dann meist hinterher per Zufall oder oft auch gar nicht. So hörten wir ein paar Tage nach der

Ausstrahlung, dass Kirsten Dunst in einer der berühmten amerikanischen Late-Night-Shows minutenlang vom »Wunderland« und den kleinen Nacktszenen schwärmte, und dass Adele vor ihrem Konzert in Hamburg völlig inkognito mit ihrem Sohn das »Wunderland« anschaute, um dann dem Hamburger Publikum ebenfalls mehrere Minuten zwischen zwei Songs vorzuschwärmen, wie unfassbar das »Wunderland« sei.

Ansonsten haben wir alle politischen Gäste von Gerhard Schröder über Gregor Gysi und Helmut Schmidt bis Christian Wulff immer heil durch die Anlage gebracht. Politiker sind nicht ganz einfach zu händeln, weil sie oft einen Kometenschweif von Journalisten hinter sich her ziehen, und es könnte passieren, dass sich andere Gäste gestört fühlen. Aber bislang hat alles immer sehr gut geklappt.

Wenn Prominente sich nicht selbst anstellen, meldet der Fahrer oder Manager den Besuch an. Da kann es schon mal Sonderwünsche geben. Es gibt eine Vorstufe von VIP-Treatment, und das ist die Variante, in der man als Prominenter mit dem Fahrstuhl durch den Hintereingang kommt. Der offizielle Grund für diese Lösung ist, dass die Stars bei ihrem Besuch nicht durch Fans und Autogrammjäger gestört werden wollen. Da kann es natürlich mal passieren, dass eine prominente Person diskret und inkognito in die Anlage rauscht und sich dann tatsächlich niemand für sie interessiert. Auch das ist schon vorgekommen.

Bei Leuten, bei denen wirklich die Gefahr eines Auflaufs besteht, weil sie unbestritten Weltstars sind, lösen wir die Situation elegant. Trotz des immer mal wieder auftretenden Wunsches haben wir noch nie für einen Promi geschlossen. Bei Angela Merkel würden wir es eventuell machen, bei Donald Trump auf keinen Fall, obwohl vermutlich interessant wäre, wie er auf bestimmte Exponate in unserer Anlage reagiert. Von Rod Stewarts Management kam diese Bitte der kompletten Schließung, der wir nicht entsprochen haben. Er kam trotzdem, aber er war erst sehr unnahbar, auch ein bisschen nervös. Was viele Leute nicht wissen: Er ist ein riesengroßer Modellbahnfan mit eigener Anlage. Und wie die meisten Modellbahnbauer war er natürlich der Meinung, dass seine Anlage die schönste sei. Er ist mit etwas gemischten Gefühlen zu uns gekommen, so nach dem Motto: »Hoffentlich ist deren Anlage nicht besser als meine.« Als wir im Fahrstuhl hochfuhren, war die Stimmung zwischen uns zunächst merkwürdig kühl. Aber dann ist er von Minute zu Minute aufgetaut. Modelleisenbahnen sind ja Kindheitserlebnisse, da werden fast alle wieder zu Kindern. Das kommt auch bei Fußballern, von denen wir viele zu Gast hatten, immer wieder vor. Nicht wenige von denen sind ja im Herzen große Jungs, die einfach nur sehr gut kicken können. Und wenn große Jungs dann eine Modelleisenbahn sehen ... Ebenso wie der Rundgang mit Woody Allen wurde der mit Rod Stewart für alle zum Erlebnis. Rod war so angetan. Er hatte eigentlich nur kurz Zeit und blieb viel länger. Er machte uns Komplimente in einer Form, die ich niemals von ihm erwartet hatte. Es war ein Höhepunkt für uns, den ich nie wieder vergessen werde.

Und gleich noch eine Überraschung: Jay Kay von Jamiroquai war ja lange Zeit vor allem dafür bekannt, dass er gerne schnell Auto fährt. Aber er mag auch Eisenbahnen, womit ich nicht gerechnet hatte. Jay hatte den Besuch bei uns tatsächlich wohl schon lange auf dem Zettel, der wollte uns unbedingt sehen.

Er hat erzählt, dass er – wenn er in Deutschland auf Tournee war – im Hotelzimmer immer vor dem Fernseher gesessen hatte. Früher kamen im Nachtprogramm neben diesen Aquariumbildern auch die Filme von den Bahnstrecken. Er fand das total super. Das nur mal als Info für Leute, die sich fragen, was bei Rockstars im Hotelzimmer so alles abgeht.

Als er dann bei uns durch war, hat er mir sogar seine private Handynummer gegeben. Ich weiß, es ist völlig überflüssig zu erwähnen, ob Jay Kay mir seine Handynummer gibt oder in China der inzwischen doch so weltberühmte Sack Reis umfällt. Aber das ist irgendwie ein schlechtes Gen in mir, nennen wir es Angeberei, oder wenn es nicht ganz so ehrlich und schlimm klingen soll: Stolz. Oder beides, oder ach was weiß ich. Scheißegal, raus damit: *Ja, ich bin manchmal ein kleiner Angeber!*

Na ja, Niki Lauda hat sie mir auf jeden Fall nicht gegeben, dessen Besuch war immerhin eine der skurrilsten Erfahrungen. Er war zur Eröffnung des Flughafens Knuffingen eingeladen, weil wir auch eine Maschine der Lauda Air auf der Piste haben. Der Deal war: Du kommst zur Eröffnung von Knuffingen Airport, dafür schenken wir dir eine Maschine in der Bemalung deiner Airline.

Johanna hat ihn am Flughafen abgeholt, und da merkte man schon, er wusste gar nicht so richtig, zu was für einem Termin er gebeten worden war. Vermutlich hatte einfach nur ein Assistent den Termin im Kalender geblockt, und nun war er da. Wenn da »Flughafeneröffnung« steht, erwartet man ja vielleicht erst mal etwas anderes. Jedenfalls erzählte mir Johanna hinterher, dass sie auf dem Weg vom Flughafen und damit in den circa 25 Minuten, in denen sie ihn auf seinen »Termin« vorbereiten sollte, teilweise etwas verzweifelt war. Fast nervös flüsterte sie mir beim Eintreffen ins Ohr, dass der Termin eventuell etwas schwierig werden könnte, da sie nicht wisse, ob sie ihn überhaupt ein wenig heiß aufs »Wunderland« machen konnte. Er sei unglaublich nett, habe aber keinerlei Ahnung, in was für einer Welt er sich denn jetzt in diesem Moment befinde.

Ich habe ihn dann begrüßt, und man konnte es sehen: Er glaubte wirklich, er sei im falschen Film.

Aber er war tatsächlich extrem nett, und es war schon genial zu sehen wie ein erwachsener, gestandener Mann, der ja weiß Gott so einiges durchgemacht hat, im »Miniatur Wunderland« plötzlich wieder zum Kind wurde. Der Pressetermin musste um einige Minuten verschoben werden, weil er sich vom Anblick

66

Später wurden die
Rollen vertauscht.
Frederik (rechts)
und Gerrit geben
Autogramme.

der Anlage nicht lösen konnte. Er wollte unbedingt alles sehen und hat dann Sachen in die Kamera gesagt wie: »Jeder muss sich diese Anlage anschauen.« Das sei einfach sensationell.

Das war einer der Anlässe, bei denen mir anfangs mulmig gewesen war und ich dachte: Mann, wenn das schiefgeht. Vermutlich dachte er, als er das ganze kleine Gewusel gesehen hat, das wäre so ein Scherz für die versteckte Kamera. (Flughafeneröffnung, und dann ist alles so klein, höhöhö.) Dabei haben ihn um die hundert Journalisten umringt. Und er hat geredet und geredet und geredet, bis auch der letzte Journalist keine Fragen mehr hatte, immer mit größter Begeisterung – danke, Niki!

Übrigens haben wir auch eine Promiwand, an der wir Fotos von unseren prominenten Besuchern verewigen, aber wir denken da nicht immer dran. Insofern ist die »Dunkelziffer« um einiges größer.

Abschließend noch etwas Skurriles: Wenn man selbst mal der größte Autogrammjäger gewesen ist, ist es schon ein merkwürdiges Gefühl, wenn man inzwischen selbst eigene Autogrammkarten braucht, weil man so oft nach einem Autogramm gefragt wird. Und ob Sie es glauben oder nicht, es hat tatsächlich mal eine Gruppe von neun »Autogrammsammlern« per Post nach Autogrammen gefragt. Ich habe geschmunzelt, kurz überlegt und denen dann 15 geschickt. Falls sie welche zum »Tauschen« brauchen … Bis heute bleibt es aber ein komisches Gefühl, wenn man nach einem Autogramm gefragt wird. Eine Mischung aus Stolz und peinlicher Berührtheit. Genauso ergeht es einem, wenn man erkannt wird. Hier im »Wunderland« passiert das natürlich häufiger, aber »draußen« ist es schon echt merkwürdig. Egal ob beim Bäcker oder Schlachter. Es macht mich verlegen, da ich tief im Herzen ein eher schüchterner Typ bin, der es inzwischen irgendwie ganz gut schafft, das zu überwinden. Selbst im Urlaub in Australien riefen Leute mitten in den Bergen plötzlich: »*Ah, the Wunderlander.*« Allerdings merkt man, dass im Selfie-Zeitalter Autogrammwünsche etwas seltener geworden sind und auch bei uns die Selfies extrem zunehmen.

Zu den Autogrammen fällt mir noch eine Anekdote ein: Gerrit begrüßte mal einen bekannten Comedian. Dieser, ob seiner Sorge, zu viele Autogramme geben zu müssen, durch die Hintertür eingeschleust, sah einen kleinen Jungen auf sich zulaufen und reagierte doch sehr verdutzt, als er bemerkte, dass der Mut des Kleinen dem neben ihm stehenden Gerrit galt. Gerrit erfüllte natürlich den Autogrammwunsch. Das feine Lächeln, mit dem er danach zu mir hinübersah, habe ich auch heute noch deutlich vor Augen. Obwohl ich nur ein paar Schritte entfernt stand, stapfte der Junge desinteressiert an mir vorbei, den Blick stur geradeaus gerichtet, den wertvollen Autogrammschatz stolz an die Brust gepresst.

Vielleicht gibt es ja doch so etwas wie Karma.

4. GERRIT:

Last night a DJ saved my life

Mit diesem Kapitel nehmen wir Abschied von der Kindheit und bewegen uns in jene Lebensphase, die gemeinhin als Pubertät bezeichnet wird. Wie jeder Erwachsene weiß, ist jeder Teenager der Meinung, dass es nichts Grausameres als die eigene Pubertät gibt, die Menschheit seit Generationen kaum Ähnliches erlebt hat und vor allem Eltern nicht den Ansatz einer Ahnung haben, was man in diesem Alter durchmacht. Man fühlt sich zugleich unverstanden, überfordert und eingeengt. Getreu dem alten Spruch von Mark Twain »Als ich vierzehn war, war ich erschüttert, wie ahnungslos mein Vater in vielen Fragen des Lebens war. Aber als ich einundzwanzig wurde, war ich verblüfft, wie viel er in den letzten Jahren dazugelernt hatte.« (Anmerkung Frederik: Oh, Schriftsteller-Zitate. Nun wird's aber wirklich literarisch. Antwort Gerrit: Ich lese eben nicht mehr nur Comics. Wolltest du dich nicht auf dein nächstes Kapitel vorbereiten?)

Das war bei uns nicht anders. Trotzdem möchte ich die Erwartungen, die einige Leser nach der Schilderung unserer Kindheitserlebnisse vielleicht hegen, von vornherein dämpfen.

Mancher mag das zwar bei Zwillingen vermuten, aber wir haben uns niemals in dasselbe Mädchen, dieselbe Frau verliebt. Jedenfalls nicht gleichzeitig. Es gab nur einmal eine Zeit, da liebäugelten wir mit zwei Zwillingsmädchen, aber auch da gab es keine der zu erwartenden Probleme, weil die beiden Grazien so grundverschieden wie Frederik und Gerrit waren.

Auch andere Erwartungen müssen leider gleich am Anfang

enttäuscht werden. Wenn man die Intensität und Ernsthaftigkeit bedenkt, mit der wir unsere Spielewelt als Kinder organisierten, sollte man vermuten, dass die Pubertät für uns viele grausame Momente bereithielt. Man könnte sich viel verlegenes Anschmachten aus der Ferne, plumpe Anmachversuche (»Darf ich dir meine Kronkorkensammlung zeigen?«) und dann verlegenes Erröten, Flucht und geduldiges Abarbeiten der scheinbar unerschöpflichen Clearasil-Reserven vorstellen.

War aber leider nicht der Fall. Freundinnen hatten wir regelmäßig, auch wenn ich sagen muss, dass wir in sexuellen Fragen eher Spätzünder waren. Das erste Mal richtig verliebt war ich mit achtzehn. Was ich aber in heutigen Zeiten, wo die Pubertierenden zwar im Netz binnen zehn Minuten alles finden, was es an Sexualpraktiken auf dieser Welt gibt, sie aber dennoch keine Frau klarmachen können, weil sie nirgendwo gelernt haben, wie man sie einigermaßen charmant anspricht, auch nicht für einen so großen Makel halte.

Als wir Teenager wurden, traten unsere spielerischen Hobbys in den Hintergrund. Selbst der von Frederik so hochverehrte HSV verlor zeitweise an Bedeutung. Ich würde mal sagen, dass von nun an neunzig Prozent unserer Handlungen und Aktionen darauf gerichtet waren, dem anderen Geschlecht zu imponieren. Und das wird wohl noch eine Weile so bleiben.

Es kam noch eine weitere Sache hinzu: Die Musik kam in unser Leben, und zwar ziemlich heftig. Ich wollte damals Keyboard spielen, also habe ich mir – wie es sich für mich gehört – das Klavierspielen selbst beigebracht. Also, um genau zu sein, nach zehn Unterrichtsstunden bin ich auf eigene Faust in die Welt der weißen und schwarzen Tasten vorgedrungen. Dabei kam ich ziemlich weit, was aber auch daran lag, dass ich gute Partner hatte. Bei uns in der Schule war damals Alexander Geringas, der mich musikalisch zwar rasend schnell überholte, aber von dem ich mir viel abgucken konnte. Alex arbeitet heute als Produzent hierzulande und in den Staaten. Jedenfalls habe ich lange Zeit ziemlich begeistert rumgeklimpert.

Wer seine Teenagerzeit verbrachte, als gerade mal fünf Jahre zuvor ein gewisser John Travolta mit »Saturday Night Fever« und »Grease« zu Weltruhm gekommen war, erlebte das, was Soziologen und Historiker so gern einen Paradigmenwechsel nannten. Bis Travolta kam man als Junge einigermaßen durch, wenn man seine Mähne weltenmüde über dem Parkett schütteln konnte. Danach galt man nicht mehr zwangsläufig als schwul, wenn man auch als Junge tanzen konnte, und plötzlich galten sogar Anzugträger als cool.

Aber wir waren schon die nächste Generation. Das war für uns kein Problem mehr. Wir hatten beide schon immer gerne getanzt. Wobei ich meine Bemühungen eher unter »expressionistischer Ausdruckstanz« verorten würde, aber das ist mir egal. Musikalisch tendiere ich eher zu Rock und Pop, und wenn wir auf ein Konzert gehen – was immer noch manchmal passiert –, gehöre ich zu den Leuten, die am höchsten hüpfen und am meisten schwitzen. Allerdings ist mir aufgefallen, dass man ab einem gewissen Alter nicht mehr so geschubst wird. Was für Musik gespielt wird, ist egal, solange es nur gute Musik ist. Wir mögen Rammstein, können aber genauso ein Klassikkonzert in der Elbphilharmonie genießen.

Frederik hatte schon früh eine Schwäche für Disco-Musik, die er dann auch ausgelebt hat. Und es war ihm noch egaler als mir, wie er dabei aussah. Wenn er Musik hörte, die ihm gefiel, dann wollte er tanzen und dabei nicht nur auf der Stelle stehen. Deshalb war er auch viel Disco-affiner als ich. Seit seinem sechzehnten Lebensjahr war Frederik Stammgast in einer Hamburger Diskothek. Am Anfang bin ich eher widerwillig mitgegangen, habe dann aber ziemlich schnell begriffen, dass es von Vorteil sein kann, wenn man zum DJ einen ganz persönlichen Draht hat.

Denn das hatte Frederik als Job ziemlich bald im Auge. Als

wir sechzehn waren, mussten wir immer schon um Mitternacht die Segel streichen, aber bis zu dieser Zeit hat sich Frederik, wenn er nicht seine Tanzlust auslebte, immer neben dem Arbeitsplatz des DJs herumgedrückt. Und es dauerte nicht mal ein Jahr, da hatte der Mensch bemerkt, dass da ein Typ stand, der mit Augen und Ohren so ziemlich alles aufsaugte, was der DJ da in seiner Koje veranstaltete.

Eines Tages war es dann so weit. Der Türsteher holte den DJ weg – wenn ich mich recht erinnere, wurde wohl gerade sein Auto abgeschleppt –, und der DJ zeigte mit ausgestrecktem Zeigefinger auf niemand anderen als meinen Bruder.

Wie mir Frederik später erzählte, war das einer der magischen Momente in seinem an zauberhaften Wendungen nicht gerade armen Leben. Während der DJ sein Auto umparkte, sollte Frederik in dem Glaskasten wachen und – falls der Maestro nicht rechtzeitig zurück am Pult war – den Regler runterfahren oder irgendeinen Knopf drücken, auf jeden Fall alles dafür tun, dass der Strom aus Musik und Partystimmung nicht abriss.

Frederik erfüllte die Erwartungen. Er hielt den Laden sogar über die nächsten drei Songs am Laufen und das, obwohl ihm niemand erklärt hatte, welche Platten der Original-DJ auf Lager hatte. In diesem Moment glaubte Frederik zu wissen, was er für den Rest seines Lebens machen wollte. Innerhalb von wenigen Tagen hatte er das Mixen gelernt, dann auch Scratching und schließlich auch Moderieren.

Nun gibt es ja nicht wenige Leute, die in DJs mehr oder weniger überbezahlte Vollpfosten sehen, die einfach ein vorgefertigtes Programm abspulen. Aber selbst auf die Gefahr hin, dass es dann klingt wie Opa, der von früher erzählt: Zumindest in der Zeit, als noch nicht mit CDs oder Dateien gearbeitet wurde, war die Arbeit mit Vinylplatten auch noch eine gewisse handwerkliche Herausforderung.

Die eigentliche Wachablösung kam dann, als der Haus-DJ sei-

DJ Frederik im Posemuckel

nen Geburtstag feierte. Eine Stunde nach Mitternacht war der
schon reichlich angeheitert, ab zwei Uhr morgens war an Denken nicht mehr zu denken, und zu diesem Zeitpunkt übernahm
zwangsweise Frederik die Herrschaft über das Pult. Er hörte erst
früh am Morgen, eine Viertelstunde nach sechs auf. Das war ein
neuer Rekord, und damit hatte er beim Betreiber einen dicken
Stein im Brett.

Kurz darauf überwarf sich der Haus-DJ mit dem Chef, und
für Frederik wurde es ein Fulltime-Job. Er wurde der Haus-DJ,
legte an sechs Abenden in der Woche auf und hatte als Siebzehn-
jähriger als bemerkenswertes Privileg nun seinerseits um Mitternacht alle anderen Minderjährigen nach Hause zu schicken. Es
stellte sich natürlich die Frage, ob er bei der Gelegenheit nicht
vielleicht öfter mal einen anderen Jungen, der genauso alt war
wie er, übersah. Ich muss ganz ehrlich sagen, dass ich mich nicht
hundertprozentig erinnern kann, aber völlig ausschließen will

ich es nicht. Vermutlich wurden der DJ und der Typ mit den coolen Klamotten öfter nach Mitternacht im Laden gesehen. Seine Schicht dauerte nun teilweise von acht Uhr abends bis sechs Uhr morgens; und falls Frederik mal aufs Klo musste: Das befand sich zum Glück gleich hinter dem Glaskasten.

Wenn Frederik gut drauf ist – und das ist er ja meistens –, dann sagt er, dass wir beide eigentlich genau das Gleiche können, ich hätte halt nur ein bisschen mehr technisches Knowhow. Das ist natürlich ein sehr schönes Kompliment, und ich fühle mich viel zu geschmeichelt, als dass ich darüber diskutieren würde, aber fairerweise muss man sagen: Frederik hat so etwas wie einen sechsten Sinn dafür, wie man Leute anspricht und was sie erwarten. Das hatte sich schon bei seinen bemerkenswerten Methoden gezeigt, bislang ungeahnte Mengen von Autogrammen zu akquirieren, und diese Fähigkeit hat er in der Zeit im Glaskasten noch verfeinert.

Eine große Sache in den achtziger Jahren war Italo Disco, eine Musikrichtung, von der einige Leute behaupten, sie hätten die Bezeichnung erfunden. Aber wenn man mal ein Plattenlabel hatte, was mit dem Namen Electronic Dance Music ein ganzes Genre getauft hat, kann man sich aus solchen Streitereien auch raushalten. (Bitte nicht verwirren lassen. Nähere Informationen folgen im nächsten Kapitel.)

Im Posemuckel gab es zwei Tanzflächen: Hinten die coole Mucke, vorne die Chartsmusic. Während der Kollege immer das neueste und gewagteste Zeug aufgelegt hat, gab es bei Frederik vorwiegend Sachen, von denen er wusste, dass sie funktionierten. Er wollte immer nur beim Mixen ein Künstler sein, nicht bei der Auswahl.

Große Namen auf dem Gebiet von Italo Disco waren Dan Harrow, Koto, Baltimora oder Righeira. Und es gab fast immer genauso viele Leute, die auf diese Musik standen, wie andere, die sie schrecklich fanden. Frederik war ein großer Italo-Disco-Fan.

Wenn man bedenkt, dass auf Italo Disco über ein paar amerikanische Umwege House und darauf später Techno folgte, dann hat mein Herr Bruder schon damals ein ziemlich feines Näschen für Trends gehabt. Und wenn die Gelegenheit günstig war, hat er die Songs auch gespielt. Aber wenn die Leute lieber Depeche Mode wollten, dann war das für ihn auch kein Problem.

Diese Freude am Dienst am Kunden darf man nicht mit Opportunismus verwechseln. In den Jahren um die Jahrtausendwende tauchten Leute mit schwyzerdeutschem Dialekt höchstens in Hustenbonbonreklamen auf. Und wenn es da einen Popmusiker gab, der mit eindeutig schweizerischen Wurzeln versuchte, in der anglo-amerikanischen Liga zu spielen, dann war das für diverse Leute eine Quelle niemals enden wollenden Spottes.

Viele Leute sahen damals in DJ Bobo eine Witzfigur. In der RTL-Show »Samstag Nacht« wurde er regelmäßig durch den Kakao gezogen. Auch Comedians wie Michael Mittermeier, Oliver Pocher und andere hatten ihre Nummern und Parodien, obwohl man bei einigen sicher darüber streiten könnte, ob DJ Bobo am Ende nicht gestärkt daraus hervorging.

Frederik stand jedenfalls auf die Musik von DJ Bobo, und als wir im »Miniatur Wunderland« den Schweizabschnitt bauten, war es dann auch kein Wunder, dass er mir vorschlug, dort in Erinnerung an seine damalige DJ-Zeit ein DJ-Bobo-Venue zu bauen. Das würde sich optisch auf jeden Fall lohnen, denn DJ Bobo hatte immer sehr viel Aufwand in seine Bühnenshows gesteckt. Kurzerhand fragte er bei Bobos Management an, ob sie es cool fänden, wenn wir eine DJ-Bobo-Konzertbühne bauten. Bobo stimmte zu, und so gibt es im »Miniatur Wunderland« nun ein Live-Konzert von DJ Bobo mit über 20 000 handbemalten Fans. Dies war der Start einer bis heute tollen Zusammenarbeit mit DJ Bobo. Mittlerweile gibt es im »Wonderland« drei Bobo-Bühnen, und bereits dreimal hat er das gesamte »Wunderland«-Team zu einem seiner Konzerte eingeladen. 2007 waren wir mit 200 Leuten da und lösten unser Versprechen ein. Bobo hatte sich gewünscht, dass wir dann die witzigen Plakate in Großausdrucken mitbringen, die die Fans bei uns in klein zeigen. Wer noch nie im »Wunderland« war, der hat sie eben noch nicht gesehen. Unsere Modellbauer haben ihn dann ein wenig auf den Arm genommen, mit vielen lustigen Schildern wie »Bobo, mach mir noch ein Kind«. Als er während des Konzertes unseren Block ausgemacht hatte, mussten plötzlich nur wir 200 Wunderländer alleine in der Arena ein Lied singen. Übrigens, denke ich, war das eine Kulisse, vor der Bobo im wirklichen Leben auch nicht jeden Tag auftritt. Wäre man an die ganze Sache kommerziell herangegangen, wäre man sicherlich auch auf andere Stars gekommen. Vielleicht nicht in der Schweiz, aber auf jeden Fall anderswo. Aber Frederik hatte sich festgelegt: »Wir machen Bobo. Den finde ich gut. Und ich kenne genug Leute, die da ebenfalls meiner Ansicht sind.«

So mancher DJ mag sich als Künstler fühlen, aber letztlich läuft es immer auf dasselbe hinaus: Die Leute sollen ihren Hintern heben und Spaß haben. Man kann auf Nummer sicher gehen und immer nur Hits spielen, aber auch da kann man sich verhauen, in dem man entweder den Moment verpasst, an dem der Hit abgenudelt ist und ihn niemand mehr hören will, oder man schätzt das Publikum falsch ein.

Frederik, der sich – vielleicht ganz stubenrein – damals bei Fachgesprächen als »Kommerz-Kacker« bezeichnete, hatte keine Probleme mit den Hits, weil die ihm ja selbst gefielen. Trotzdem entwickelte er sehr bald ein feines Sensorium dafür, was man den Leuten zumuten konnte, selbst wenn es einfach nur so aussah, als würde er sich amüsieren und nur auf den Spaß achten. Dabei war es – DJ-technisch gesprochen – immer wieder Arbeit. Es war ein ständiges Ausprobieren, worauf die Leute wie reagierten, was gut funktionierte und was man besser ließ.

Falls jemand das für Geschwätz hält: Die Unterhaltungsmeilen diverser Großstädte – auch Hamburg – sind voll mit gescheiterten Etablissements, bei denen die Macher dachten, man müsste den Leuten nur etwas vorsetzen, das knallt und dröhnt und blitzt, und schon würde der Laden laufen.

Ich weiß gar nicht mehr, wie lange Frederik in dem Laden aufgelegt hat und warum er schließlich aufhörte. Vielleicht hatte er für einen Auftritt seiner Person in einem anderen Laden geworben, jedenfalls war er plötzlich frei. Inzwischen hatte er einen eigenen Plattenkoffer, und wenn er nicht im Klub war, dann übte er zu Hause an den Tellern. Was unter anderem auch deshalb recht einfach möglich war, weil unsere Mutter inzwischen aus der WG ausgezogen war.

Ja, Sie lesen richtig. Wir standen kurz vor der Volljährigkeit, hatten in einer WG ein Zimmer für uns selbst und konnten tun und lassen, was wir wollten. Und ohne einen angesagten DJ als Bruder wäre da vermutlich entschieden weniger los gewesen. Deshalb noch mal: Danke, Bro, für diese Zeit! Wenn man dann noch bedenkt, dass die angesagten Läden mittlerweile so was wie ein zweites Zuhause waren. Also, noch mal: Es tut mir leid, dass wir all die Nerd-Erwartungen so bitter enttäuschen müssen, aber so war es nun mal.

Aber, ach Quatsch, was rede ich da. Es tut mir überhaupt nicht leid. Es war eine super Zeit, und wir haben jede Minute genossen. Aber wie es mit tollen Zeiten so ist: Sie gehen alle irgendwann einmal zu Ende.

Vorher muss ich aber in meiner eigenen Geschichte noch mal nachhaken. Wer kann schon von sich erzählen, dass die »Mutti« ausgezogen ist. Wir! Wir waren gerade mal siebzehn, als unsere einzige Schwester Leonie zur Welt kam. Zwei Jahre vorher wurden wir von unserer Mama bereits mit einem dritten Bruder beschenkt. Wobei die Geburt von Sebastian (er heißt nicht Braun, sondern Drechsler, denn unsere Mutter hatte einige Jahre vorher unseren zukünftigen Stiefvater Uwe geheiratet, der leider vor zwei Jahren überraschend verstarb) von uns zu dieser Zeit noch nicht als Geschenk erkannt wurde. So war für uns Teenager noch nicht so richtig vorstellbar, dass dieses Würmchen mal Marketingleiter vom »Wunderland« werden sollte und heute zusammen mit Frederik tausend verrückte Ideen ausbrütet. Die beiden sind wie Kino. Man kann ihnen den ganzen Tag beim Streiten, Lachen, Diskutieren und Denken zuschauen, und am Ende wird's fast immer richtig gut. Irgendwie ticken wir drei besonders ähnlich ... Als dann 1984 Leonie zur Welt kam, dachten Birgit und Uwe, es sei besser für zwei so kleine Gören, am Stadtrand mit Garten aufzuwachsen. Ich weiß leider nicht mehr, ob wir damals gefragt wurden oder ob wir den beiden gleich gesagt haben, dass wir nicht mitkommen. Direkt in der Stadt, am Puls des Spaßes, nah bei der Schule, mitten im Leben, war ein Umzug ins Grüne keine Option für uns. Und wie war das noch mit unserem Willen ...

5. FREDERIK:

Der Ernst des Lebens

Oh-oh.

Ich fürchte, das wird das schwierigste Kapitel des gesamten Buches. Auf jeden Fall das traurigste Kapitel. Aber bleiben Sie dran, ich versuche, es so erträglich wie möglich zu machen.

Wie Gerrit im letzten Kapitel erwähnte: Mittlerweile waren die Diskotheken der Hansestadt meine zweite Heimat geworden. Hatte ich anfangs überwiegend Einsen und verwandte Zensuren, war es gegen Ende der Schulzeit eher das Motto: »Vier gewinnt«.

Aber neben dem DJ-Dasein gab es eben noch so etwas wie die Schule, und dort machte man kein Hehl daraus, dass man mich ab und an doch ganz gern in den heiligen Hallen des Bildungstempels begrüßen würde.

Nun war mir klar, dass ich bei 25 Prozent Fehlstunden fliegen würde. Zum Glück war ich durch unsere Sammlerleidenschaften statistisch geschult und hatte akribisch darauf geachtet, dass mein Fehlstundenanteil die 24 Prozent nicht überschritt.

Dennoch bin ich mit Pauken und Trompeten durchs Abi gerauscht. Mir haben nur fünf Punkte gefehlt, und es gibt sicherlich den einen oder anderen Präzedenzfall, bei dem Lehrer ein oder auch anderthalb Augen zugedrückt und selbst einen so vergnügungssüchtigen Pennäler wie mich über die Hürde geschubst hätten. Aber unsere Klassenlehrerin wollte das nicht. Sie kannte meine Situation. Das knappe Vorbeischrammen sollte Motivation für eine Neuauflage sein. Ich sollte mich beim nächsten Versuch besser konzentrieren und mehr anstrengen. Sie wünschte sich, dass mein aus ihrer Sicht vorhandenes Potenzial sich auch im Abiturzeugnis widerspiegeln sollte. Ich hingegen wünschte mir schlicht und einfach, dass sie ihr Potenzial, über meine Zukunft entscheiden zu können, etwas zielführender einsetzte. Zumindest war das damals meine bescheidene Meinung.

Ehrlich gesagt, habe ich zu dieser Zeit nicht besonders viel über meine Zukunft nachgedacht. Mit zehn wollte ich Lokführer werden, später Feuerwehrmann, was ja angesichts unserer Freizeitbeschäftigungen keine große Überraschung ist. Die Vorstellung, später mal als selbstständiger Unternehmer zu leben, war mir ziemlich fremd. Aber ich kann mich erinnern, dass ich eine Zeit lang selbstständig sein wollte, ohne genau zu wissen, was das eigentlich bedeutet.

Während unserer Schulzeit hatten wir uns unterschiedlich entwickelt. In den ersten Jahren bin ich der bessere Schüler gewesen. Gerrit wollte in den ersten Schuljahren immer nur nach Hause. Der Schulpsychologe hatte schon angefangen, sich Sorgen um ihn zu machen, und viel Spiel und Bewegung an frischer Luft verordnet. Na, dazu musste man uns ja nicht extra animieren, aber es war gut zu wissen, dass von medizinischer Seite gegen unsere Aktivitäten keinerlei Einwände bestanden.

In der Siebten ist Gerrit sogar mal hängengeblieben. Wie ich übrigens auch. Aber dann hat es bei ihm Klick gemacht. Als er die Ehrenrunde drehte, hatte er ja den anderen voraus, dass er den Stoff schon kannte, und plötzlich stellte er fest, dass Lernen auch Spaß machen kann. Er hat dann ein glattes Einser-Abi gebaut.

Nach dem Abi wollte er studieren, wusste aber nicht was, und erstmals stellte sich die Frage: Zivildienst oder Bundeswehr. Der kürzeren Dauer wegen hat er sich für die Bundeswehr entschieden. Was meiner Meinung nach ein Fehler war. Er selbst hat das auch ziemlich schnell erkannt. Alles, was mit Hierarchien, festen Strukturen und Befehlsketten zu tun hat, ist uns beiden ein Gräuel. Beim Schießen hingegen war er geradezu unheimlich gut. Daran sieht man, dass die Saat unserer langjährigen pazifistischen Erziehung nicht hundertprozentig aufgegangen ist.

Gerrit hat mir später gesagt, dass er damals zu keinem Zeitpunkt gewusst hatte, was er werden sollte. Nicht mal während des Studiums. Gefühlt sah er sich irgendwo als ein gutsituierter Angestellter ohne Existenzsorgen, aber ob das für seinen Ehrgeiz die Erfüllung gewesen wäre ... Man mag es bezweifeln.

Was meine Klassenlehrerin mit »Situation« umschrieb, heißt in dürren Worten nichts anderes als: Eine Woche nach dem schriftlichen Abitur verstarb unsere Mama. Sie starb mit dreiundvierzig an Bauchspeicheldrüsenkrebs. Beschwerden im Magenbereich hatte sie schon länger gehabt, aber damals dachten die Ärzte, das hätte vor allem psychische Gründe, was bestimmt einer der Auslöser war.

Die Krankheit wurde lange Zeit nicht entdeckt. Als der Krebs diagnostiziert wurde, haben die Chirurgen den Bauch auf und sofort wieder zugemacht, weil eine OP oder Bestrahlung oder was auch immer keinen Sinn mehr gehabt hätte. Das war im September, und danach hatte sie noch sechs Monate zu leben. Besonders die letzten Wochen waren schlimm.

Gerrit ist fast jeden Tag bei ihr gewesen, ich konnte das nicht. Ich konnte es nicht ertragen. Gerrit hat mir aber nie einen Vorwurf gemacht. Er hat geschwiegen und mich verstanden. Als es später mit unser Oma zu Ende ging, war es genau umgekehrt. Da bin ich jede Woche nach Dänemark gefahren, und er konnte es nicht übers Herz bringen. Er musste mir nicht sagen wieso. Es gibt unter Brüdern Dinge, die man ohne Worte versteht, und diese gehören dazu.

Unsere Mutter hatte es in ihrem Leben nicht leicht gehabt. Ihr Vater war acht Jahre als Kriegsgefangener in Sibirien gewesen, und als er zurückkam, war er vielleicht äußerlich betrachtet noch einigermaßen intakt, aber was er an seelischen Verletzungen mit sich herumtrug, war auch Ursache dafür, dass die Kindheit unserer Mutter nicht eben einfach war.

Die Kommunenzeit, die Hippiezeit, WG-Leben, das war für unsere Mutter eine Form der Selbstfindung. Oder, wenn schon nicht Findung, dann zumindest doch Suche.

Sie hatte Bindungsschwierigkeiten. Lange Beziehungen waren nicht ihr Ding, wobei da sicherlich auch der Zeitgeist eine Rolle gespielt haben dürfte. Sie dachte wohl, man würde von ihr erwarten, dass sie sich frei und unabhängig gibt und dass es ein Zeichen von Schwäche sei, auch mal zuzugeben, dass man eine Schulter zum Anlehnen braucht.

Unsere Mutter hat wohl immer nach ihrem Platz im Leben gesucht. Ohne ihn am Ende wirklich gefunden zu haben. Und vermutlich hatte sie die Befürchtung, dass es ihren Kindern mal genauso geht, wofür ja damals einiges sprach. Sie hatte sich Sorgen gemacht und fürchtete, der Junge rasselt durchs Abi und versaut sein ganzes Leben. So ganz unbegründet waren ihre Befürchtungen ja auch nicht.

Es ist wirklich sehr traurig, dass sie nicht miterleben konnte, wie sich bei uns alles entwickelt hat. Wie oft denke ich daran, mit welchem Gefühl sie wohl ihre Kinder verlassen musste. Einer schreibt brav nur Einsen, komponiert ihr anlässlich der schweren Krankheit mal eben ein zu Tränen rührendes Lied, und der andere treibt sich nachts nur in Discos herum, vergeigt das Abi und weiß gar nicht richtig, wo es im Leben hingehen soll. Das muss fürchterlich gewesen sein. Ich beruhige mich dann meistens, indem ich an ihre Worte aus früheren Jahren denke. Sie kommentierte unsere verrückten Spleens immer mit Worten wie: »Meine Jungs werden immer ihren Weg gehen, ihre Kreativität wird ihnen helfen.« Aber ob sie das einige Jahre später unter diesen Umständen noch denken konnte, ist für mich schwer vorstellbar. Ach könnte ich doch nur daran glauben, dass sie tatsächlich von oben auf uns herabschaut und bei all unserem

Tun und Handeln zusieht, ab und zu mal flucht und die Hände über dem Kopf zusammenschlägt, aber im Großen und Ganzen die Kinovorstellung unseres rasanten Lebens glücklich verfolgt.

Wie bereits erwähnt, war das Verhältnis zu unserem Vater zu Beginn schwierig, er war für uns nicht mehr greifbar. Wir dachten nur: Er hat »Mami« doch geliebt, warum will er uns nicht? Später erfuhren wir, dass unsere Mutter seine Versuche anfänglich abblockte, um uns zu schützen. Eltern wissen das besser einzuschätzen, aber ganz sicher bin ich mir nicht, ob es richtig war. Aber am Ende zählt das Ergebnis, und vielleicht ist auch das ein Teilchen in dem Puzzle, warum jemand heute Geld dafür ausgibt, um unsere Geschichte zu lesen. Dafür an dieser Stelle übrigens ein herzliches Dankeschön! Oder haben Sie es gar nicht bezahlt? Wenn Sie es geklaut haben, dann danke für die Ehre, dass Sie so ein Risiko eingegangen sind.

Unser Vater war das Gegenteil von einem Hippie. Eher gutbürgerlich im Stil und rational im Zugriff auf das Leben. Also alles andere als das, was unserer Mutter damals vorschwebte, und doch hat sie sich vermutlich immer wieder gefragt, ob sie nicht zu Jochen zurückkehren sollte. Denn er stand ja auch für Sicherheit und Geborgenheit.

Andererseits brauchte sie nach ihrer Hardcore-Kindheit auch das verrückte Leben, weil man ja in einer solchen Situation auch immer das Gefühl hat, etwas verpasst zu haben, und fest entschlossen ist, sich von niemandem etwas vorschreiben zu lassen.

Unsere Mutter war vielleicht nicht die allerschönste Frau der Welt, aber viele Männer haben sich in sie verliebt. Sie trug ihr Herz auf der Zunge, sie hatte Charme, manche sprachen sogar von Charisma.

Und nicht zuletzt hatte sie wohl auch ein schlechtes Gewissen uns gegenüber. Weil sie uns nicht das geben konnte, was allgemein erwartet wurde. Auch wenn wir ihr so oft wie möglich zu verstehen gaben, dass wir glückliche Kinder waren. Es half nichts.

Wir haben erst später gemerkt, wie sehr unsere Mutter uns in unserem Tun bestärkt hat. Ich meine, wir haben ja jede Menge Blödsinn gemacht, nicht nur mit selbstgebauten Böllern. Und natürlich waren wir nicht *nur* nutzlos im Haushalt, wir haben auch schon mal mitgeholfen und so. Aber der Sinn unseres Daseins waren eben unsere Spielereien. Wenn unsere Mutter – oder irgendein anderer Erwachsener – damals gesagt hätte: »Diese Rumspielerei ist ja gut und schön, aber nun hört endlich mal mit dem Blödsinn auf und macht etwas Vernünftiges.« – Möglicherweise hätten wir uns das zu Herzen genommen und tatsächlich die exzessive Spielerei aufgegeben und was »Vernünftiges« gemacht. Aber ob wir dann glücklich geworden wären?

Im Rückblick bin ich sehr beeindruckt, wie geduldig und vorausschauend unsere Mutter uns erzogen hat. Aber auch von unserem Vater haben wir sehr viel mitbekommen, was uns später im Leben geholfen hat. Das Analytische, das stetige Bemühen, Fakten und Emotionen in Einklang zu bringen, was letztlich ja so etwas wie das Motto unseres Lebens sein könnte – das haben wir von ihm.

Ich habe eigentlich auch keine so große Lust, die Öffentlichkeit mit diesen Geschichten mehr als notwendig zu behelligen, aber wenn man den Werdegang des »Miniatur Wunderlands« verstehen will, der ja nun ein großer Teil unserer Biographie ist, gehört diese Geschichte einfach dazu. Man kann spekulieren, ob das folgende Jahrzehnt, in dem wir es in der lokalen Partyszene zu einiger Bekanntheit brachten, nicht auch ein Versuch war, den Verlustschmerz zu verdrängen oder – wenn das nicht ging – zumindest zu übertönen. Da kann etwas Wahres dran sein, aber andererseits ist man Anfang zwanzig – egal wie das Leben einem mitgespielt hat – voller Lebenslust und hält sich für unbesiegbar. Das nur als Erklärung – nicht jeder Partykönig ist in die Branche gekommen, weil er einen Schicksalsschlag zu verarbeiten hatte. Für uns war in diesem Moment eine Sache deutlicher als je zuvor. Das, was man gemeinhin mit bürgerlicher Karriere umschreibt, kam für uns definitiv nicht infrage. Was wir genau machen wollten, wussten wir allerdings zu diesem Zeitpunkt noch nicht. Wir gingen einfach davon aus, dass uns die richtigen Gelegenheiten schon über den Weg laufen und wir – wie bislang ja stets – die richtigen Entscheidungen treffen würden. Denn im Fall aller Fälle hatten wir ja uns. Diese Konstante in unserem Leben war geblieben, und wir wollten weiter dafür sorgen, dass das auch so blieb. Und wir wollten, nachdem die erste Trauer überwunden war, leben. Das Leben, so wie es sich einem in der Jugend darbietet, mit vollen Zügen genießen.

Wir haben erst viel, viel später verstanden, welche Dämonen sie gequält haben, was sie alles durchgemacht hat. Manche Dinge begreift man ja erst wirklich, wenn man selbst Kinder hat. Wie dann Dinge nach vielen Jahren doch noch einen Sinn ergeben. Ich habe in diesem Buch schon einige Male von Glück geredet, und wie ich mich kenne, werde ich das noch einige Male tun. Dass uns das Leben in einigen Punkten recht heftig mitgespielt hat, schmälert diese Erkenntnis nicht. Im Gegenteil, so schwierig das Verhältnis unserer Eltern zueinander war, so schnell auch ihr gemeinsames Glück zerbrach, haben sie uns dennoch mit all den Eigenschaften versehen, die wir für unser späteres Leben brauchten. Egal was passiert ist, wir hatten keine Dämonen, die wir austreiben mussten, und weil wir all die Zeit hatten, die wir brauchten, uns auszutoben und auszuprobieren, haben wir schließlich einen Platz in dieser Welt gefunden, an dem wir uns zu Hause fühlen.

Es ist verblüffend, wenn ich mich dabei ertappe, dass mir eine Bemerkung, eine Geste, eine Andeutung von unserer Mutter ins Gedächtnis kommt, die dann plötzlich einen Sinn ergibt. Ich habe neulich eine Dokumentation gesehen, ich weiß nicht mehr wo, da ging es um Astronomie und entfernte Sonnensysteme. Da war einer dieser Experten, der so aussah, als wüsste er alles über unser Universum, aber vermutlich hätte er dennoch Probleme, ein Glas Gurken aufzumachen. Aber was er sagte, war interessant: Wenn in einem weit entfernten Sonnensystem ein Stern erlischt, dann rast Licht immer noch mit – eben – Lichtgeschwindigkeit durch das All. Es kann ewig dauern, bis wir auf der Erde diesen Stern am Himmel funkeln sehen. Er leuchtet dann hell und klar vor unseren Augen, obwohl er längst verschwunden ist. So ein ähnliches Gefühl habe ich auch bei unserer Mutter. Ihr Licht schien noch sehr lange auf uns herab und beschirmte uns, selbst als sie längst von uns gegangen war.

Und da ist sie wieder, diese einzige Sache, die mich manchmal traurig macht. Könnte ich sie doch bloß einmal durchs »Wunderland« führen und dabei ihr Gesicht beobachten. Wenn sie noch hätte sehen können, was aus den Träumen ihrer Knirpse geworden ist, die sich in ihren Stockbetten geheime Welten ausdachten, von denen keiner ahnen konnte, dass sie eines Tages Wirklichkeit werden.

Ich glaube – und Gerrit sieht das ähnlich –, sie wäre schon ein bisschen stolz auf uns. Und sie hätte schnell erkannt, wie viel von ihren Träumen und Hoffnungen auch in dieser kleinen Welt steckt.

6. GERRIT:

Die wilden Zwanziger

1989 sah die Welt nach Berlin. Allerdings erst im Herbst, als dort die Mauer fiel. Im Sommer dachte noch jeder, in der geteilten Stadt wäre nur »Business as usual« angesagt, und doch geschah damals ein Ereignis, das für die Party-People Europas schwerwiegende Folgen haben sollte. Ein im Rest des Landes noch ziemlich unbekannter DJ meldete eine politische Demonstration namens »Love Parade« an. Das war natürlich augenzwinkernd gemeint, aber wenn man einen Umzug als politische Demonstration anmeldet, musste man sich danach nicht um die Müllbeseitigung kümmern. Das Problem war zwar beim ersten Umzug noch eher überschaubar, sollte sich aber in den folgenden Jahren als ein recht großes erweisen.

Das Motto der Love Parade lautete »Friede Freude Eierkuchen«, was nicht so viel schlechter war als bestimmte andere Parolen, und wenn man die englische Entsprechung »Love Peace Unity« nimmt, dann klingt es schon fast überzeugend.

Beim ersten Mal dackelten den paar Lautsprecherwagen nur 150 Unentwegte hinterher. Nur ab und an blieben Passanten auf den Bürgersteigen des Kurfürstendamms stehen und fragten sich, was das Ganze sollte.

Aber mit diesem Aufmarsch war eine Bewegung geboren, und spätestens nachdem die Mauer gefallen war und diverse Ruinen und halbverfallene Locations zu Discos umfunktioniert wurden, galt Berlin als Techno-Metropole. Frankfurt (am Main) zog bald nach, und in der Hamburger Redaktion des Stadtmagazins *Prinz*, das damals noch als Metropolen-Magazin in jeder deutschen Großstadt präsent sein wollte, fragte man sich verzweifelt, ob denn die Freie und Hansestadt Hamburg überhaupt keinen Trend zu bieten hatte. Das konnte doch nicht sein! War es auch nicht. Es gab einen neuen Trend, der sich dann auch von Hamburg aus in die restlichen Party-Metropolen ausbreitete. Im letzten Jahrzehnt des letzten Jahrhunderts entwickelte sich Hamburg zu einer Hochburg der Techno-Szene. Das weiß ich nicht nur, weil ich vom Szenekennerblatt *Die Zeit* in etwas übertriebener Weise mit dem Titel »Techno-Pionier von Hamburg« versehen wurde, sondern weil wir an diesen Trends maßgeblich beteiligt waren. Aber ich erzähle am besten der Reihe nach.

Zwischen Bund und Studium hatte ich nur zwei Monate Pause, aber was ich studieren wollte, wusste ich auch damals in typisch Braun'scher Naivität noch nicht. Kurze Zeit jobbte ich im Apothekengroßhandel, aber das half mir bei meiner Entscheidung in Sachen Berufswahl nicht wirklich weiter. Immerhin optimierte ich für meine 8,62 DM pro Stunde meine Station der Fließbandkonfektionierung so lange, bis alles so gut lief, dass ich am Ende die Hälfte der Zeit nur noch rumstand und mich langweilte. Zum Glück bemerkte man meine Fähigkeiten, und ich durfte später mit dem Bully die von meinen Nachfolgern bereits konfektionierten Kisten an die Apotheken ausliefern.

Ich hatte Lust auf Meteorologie, aber wenn man da nicht gerade Wetterfrosch im Fernsehen wird, ist das eine ziemlich brotlose Kunst. Mein Vater weckte kurz mein Interesse an Ozeanographie, aber das zerschlug sich ebenfalls bald, weil wohl keiner von uns für ein naturwissenschaftliches Studium gemacht ist. Außerdem ist das Leben eines Ozeanforschers sicher auch nicht immer so romantisch, wie man sich das als Laie vorstellt.

Ein Freund brachte mich dann auf den Gedanken, Wirtschaftsinformatik zu studieren. Denn vermeintlich gibt es ja die Nerds auf der Computerseite und die Anzugträger aus den

Chefetagen, und ich könnte dann mit meinem Know-how und kommunikativen Talent zwischen beiden vermitteln. Ich habe das aber nicht zu Ende studiert, weil da unsere eigene Diskothek dazwischenkam.

Ich hatte mich übrigens in meinem letzten Kapitel richtig erinnert. Frederik hatte seinen Job als Resident-DJ verloren, weil er im April 1989 unsere ersten eigenen Partys beworben hatte. Denn das war unser neues Hobby: Wilde Partys und wilde, verwegene Locations.

Egal ob am Fernsehturm, in den Kasematten, sogar in den Kantinen des DGB oder der vom Schlachthof. Wir hatten die Orte angemietet (wobei ich mir heute nicht so sicher bin, ob wir die auch bekommen hätten, wenn die Eigentümer gewusst hätten, was wir da planten). Später kamen dann auch andere Veranstalter auf die Idee, schrägere, ungewöhnliche Orte zu nutzen – Autowerkstätten und Ähnliches –, aber wir erinnern uns gerne daran, dass wir hier in Hamburg die Ersten waren.

Auf dem Gänsemarkt haben wir Flyer verteilt, die wir zuvor noch schnell selbst entworfen hatten. Eintritt war 5 DM, eine unserer ersten Party-Locations war ein altes Kino in der Eiffestraße. Wir rechneten mit 200 Leuten, am Ende waren 500 im Laden, und weitere 500 standen davor. Party-Veranstalter-Novizen, die wir waren, hatte keiner von uns an Türsteher oder Ähnliches gedacht.

Es war wie so oft in unserem Leben. Wir starteten einen Versuchsballon, und als wir sahen, dass der fliegt, legten wir nach.

Ich glaube, den Flyer für unsere allererste Party habe ich sogar noch. So für Partys zu werben war damals ein absolutes Novum. Wir mussten Flyer machen, weil das damals der einzige Weg war, das Partypublikum zu erreichen. In Stadtmagazine und so 'n Zeug hätten die doch gar nicht geguckt.

Wir haben die Flyer immer persönlich verteilt, bevorzugt an hübsche Mädels, denn wenn die kommen und auch noch ihre

Freundinnen mitbringen, dann kommen die Jungs von ganz alleine. Wie man sieht, waren wir damals möglicherweise immer noch naiv, aber nicht unbedingt blöd.

Wir haben die Flyer schnell zu richtigen Kunstwerken entwickelt. Und bald fanden wir heraus, dass Papier als Unterlage viel zu langweilig war. Wir bedruckten Spiegel, wir nahmen Eiskratzer als Werbeträger, stanzten Metallplatten mit Text aus; und das alles sprach sich sehr schnell herum. Anfangs waren wir nicht ganz sicher: Standen die Leute auf unsere Partys, oder fanden sie einfach die Flyer cool? Und als später die Stadtmagazine auf den Trend aufsprangen und nicht nur über die Partys, sondern auch über die Flyer berichteten, fragten sie uns, ob wir als Kinder vielleicht Abonnenten des YPS-Magazin mit seinen berühmten Gimmicks gewesen wären, denn irgendwoher mussten diese Ideen ja kommen.

Wir lächelten auf diese Fragen nur fein. Wir hätten natürlich auch antworten können, dass wir als Kinder mit unserer Modelleisenbahn gespielt und daneben noch – unter anderem – Kronkorken gesammelt hatten. Das wäre als Gag bestimmt gut angekommen, denn jeder hätte gedacht, dass wir Witze machen, denn angesagte Party-Cracks können sich in ihrer Kindheit doch unmöglich mit solchem Zeug abgegeben haben.

Finanziell waren die Partys anfangs so kalkuliert, dass sie sich selbst trugen. Als wir aber merkten, dass es funktionierte, wurden wir schnell professioneller. Einen Monat später stieg die zweite Party in der Kantine vom Schlachthof, da hatten wir schon Türsteher, traten selbst als DJs auf, und Freunde von uns übernahmen die Bar.

Als andere Partyveranstalter merkten, dass das funktionierte, sprangen sie auf den Zug auf. Das kümmerte uns aber nicht wirklich. Nach unserer Meinung liefen wir auch damals schon außer Konkurrenz.

Bei uns ging es wie immer vor allem darum, Spaß zu haben.

Als wir aber erkannten, dass wir damit auch ein bisschen Geld verdienen konnten, war das für uns kein Grund aufzuhören.

Die Idee für die Partys kam von Frederik, weil ihm das Publikum in seiner Disco dann doch auf die Nerven gegangen war. Irgendwann war der Name Posemuckel dann doch zu sehr Programm. Man darf außerdem nicht vergessen: Die Nachricht vom Tod unserer Mutter erreichte ihn, während er im »Pose« auflegte. Da will man dann auch nicht jeden Abend dran erinnert werden, sondern lieber etwas anderes machen. Ich weiß nicht mehr genau, wie er auf die Idee kam, aber es war zusammen mit seinem Freund Olli, der bei den ersten Partys auch wild mitmischte.

Die hektischen, aufwändigen Party-Aktivitäten waren auf jeden Fall hilfreich, wenn es darum ging, den Verlust unserer Mutter nicht an uns heranzulassen, ganz einfach weil man ja immer sagen konnte: Ich habe keine Zeit nachzudenken, es gibt doch so viel zu tun. Und wenn es nichts zu tun gab, gab es immer etwas zu feiern. Das ist in solchen Situationen ja auch nicht das Schlechteste. Wie schon erwähnt, wir haben uns damals keine Gedanken über die Zukunft gemacht. Wir haben damals eigentlich nur gemacht, worauf wir Bock hatten.

Aber mit der Größe ergaben sich neue Probleme. Auch kamen immer mehr Leute, die man nicht im Laden haben wollte, weil sie schon mal Ärger gemacht hatten. Oder weil man gute Leute im Team hatte, die wussten, dass es mit bestimmten Leuten Ärger gab.

Presseberichten zufolge hatten die »Pillen« (Ecstasy) in Hamburg ihre Hochzeit in den Jahren 1998 bis 2000, das war später als in anderen deutschen Städten wie zum Beispiel Frankfurt. Und mit der uns eigenen Naivität, mit der wir all unsere Unternehmungen angingen, dauerte es drei Jahre, bis wir bemerkten, dass es unter unseren Gästen auch Leute gab, die mit Drogen auf Duz-Fuß standen, und es gab wohl einige, die so ziemlich alle

Substanzen beim Vornamen kannten. Auf jeden Fall waren die kleinen Pillen mit den aufgedruckten Schmetterlingen wohl öfter bei uns zu Gast, als uns bewusst war.

Wir haben dann von uns aus die Polizei angerufen, die verständlicherweise davon überrascht war, denn eigentlich läuft es ja immer andersrum. Aber wir waren dann im Präsidium und haben über die Probleme geredet und gesagt: Wir wollen nicht, dass in unserem Laden gedealt wird. Wir sind aber mit dem Thema nicht halb so vertraut, wie man als Außenstehender vielleicht vermuten würde. Darauf ist ein Zivilfahnder gekommen, hat sich umgesehen und die Toiletten als Handelsschwerpunkt lokalisiert. Dort konnten wir das Dealen dann unterbinden. Wer auch immer uns jetzt für Spaßbremsen hält, kann ja gern überlegen, ob er bereit wäre, seine Konzession zu verlieren, nur weil wir bei ihm illegale Sachen machen.

Über Konsum können wir nichts sagen, tausend Leute lassen sich nicht kontrollieren, wenn man will, dass die Party eine Party bleibt. Man kann sicherlich Vermutungen anstellen, warum manche Gäste auch morgens um sieben noch so quietschfidel sind, aber das ist dann ein anderes Thema.

Es gab einige Situationen, in denen es ziemlich brenzlig herging, aber letztlich konnten wir alles regeln. Was auch daran lag, dass wir uns auf unsere Leute immer verlassen konnten. In solchen Situationen geht das Adrenalin so schnell hoch, dass man gar keine Zeit für Angst hat. Das Zittern und Knieschlottern folgt erst später. Hinzu kommt, dass Frederik ein Typ ist, der immer schlichten will und erst nachher begreift, was für ein Wagnis er da eingegangen ist.

Wir wollten unser Publikum nicht sortieren, aber wir begriffen schnell, dass die Beliebtheit eines Ladens davon abhängt, welches Publikum sich dort trifft.

Und wir entdeckten ziemlich schnell, dass unsere oberflächlich betrachtete Vorliebe für Statistiken und Zahlenkolonnen, der wir bei unseren Sammelleidenschaften gefrönt hatten, uns auch in unserem neuen Job gute Dienste erweisen könnte.

Nach drei Jahren mit wilden Partys sagten die Leute: Macht doch eine eigene Disco.

Wollten wir aber nicht.

Da hängt zu viel dran. Dachten wir.

Aber dann kam ein Angebot von einem Laden, der freitags Probleme hatte. Also sagten sie: Ihr macht die Musik, dafür kriegt ihr den Eintritt, und wir verkaufen die Getränke. Das lief gut, und über verschiedene Etappen, die man hier nicht noch mal alle im Detail nachzeichnen muss, landeten wir dann im Voilà. Das war in der Hamburger Disco-Szene ein gut eingeführter Laden, der als ziemlich Upperclass und Schickimicki galt. Bevor wir selber in der Party-Szene tätig wurden, haben wir immer beim Betreten des Voilà gezittert, ob wir denn reinkommen. Mehrfach waren wir schon an der Tür abgewiesen worden. Einmal gingen wir wie so oft mit einem Kumpel morgens um 4:00 Uhr hin, weil es um diese Zeit keinen Eintritt mehr kostete und außerdem die Chancen reinzukommen am größten waren. Dem Kumpel wurde die Tür verwehrt, was umgehend zu Zoff führte, der dann ziemlich heftig ausging. Mit dem Kumpel haben wir heute nichts mehr zu tun (was aber andere Gründe hat), den Türsteher haben wir später übernommen.

Das Original-Voilà hatte im Mai die Pforten geschlossen. Weil der Laden nicht mehr so gut lief. Der Besitzer wollte den Sommer nutzen und das Voilà umbauen. Zugleich machte das Trinity wieder auf und erreichte schnell fast so ein gigantisches Image wie das Studio 54 in New York.

Als das Voilà nach dem Sommer wieder eröffnete, lief es überhaupt nicht. Es wurde dann samstags und sonntags ein Schwulenclub, aber den Rest der Woche hatte es geschlossen.

Das war unsere große Chance. Wir haben zunächst den Freitag übernommen, nach der alten Regel – die Gastro-Einnahmen für die liebenswerten neuen Besitzer Uwe und Ulli, und für uns die Tür.

Die Partys schlugen wieder ein wie eine Bombe. Als dritter Partner ist noch unser alter Freund Stephan eingestiegen. Der ist auch heute beim »Miniatur Wunderland« dabei, allerdings hält er sich immer im Hintergrund. Als wir dann schon kleine Disco-Größen waren, wusste ein Reporter überhaupt nichts mit ihm anzufangen und hat ihn mal als »geheimnisvollen dritten Partner mit der Kassenbrille« beschrieben. Was natürlich eine kleine Frechheit war.

Zwar hat Stephan eine Zeitlang eine wirklich merkwürdige Brille getragen, aber aus heutiger Sicht fielen mir noch viel mehr sonderbare Dinge der neunziger Jahre ein. Stephan ist seit mehr als 25 Jahren unser Partner und hat es – bisher und sicherlich auch künftig – nicht immer leicht.

Nachdem wir im Voilà richtig durchgestartet waren, gab es gleich einen herben Rückschlag: In der vierten Nacht brannte ein Kühlschrank, und die ganze Inneneinrichtung war zum Teufel. Der Hausmeister hatte den Brand erst um 5:20 Uhr bemerkt. Nachdem die Löscharbeiten abgeschlossen waren, belief sich der Schaden für die Besitzer Ulli und Uwe auf 250 000 DM. Für die beiden ging es jetzt nur noch um zwei Dinge: aufgeben oder alles geben. Gemeinsam sind wir stark!

Wir haben den Laden dann zusammen mit vielen Gästen in nur drei Wochen wiederaufgebaut. Wir wollten unbedingt vor Weihnachten fertig sein und wiedereröffnen, denn die Weihnachtsfeiern im Voilà waren legendär. Mit dieser Tradition konnten wir unmöglich brechen. Der Laden war nicht versichert gewesen, aber der Brand hatte damit auch etwas Gutes. Er sorgte für ein Medienecho, vor allem diese unfassbare Selbsthilfe-Aktion der Gäste wurde noch mal Gegenstand der Berichterstattung. Drei Tage vor Weihnachten eröffneten wir wieder. Die erste Party stand unter dem Motto »Tanz der Vampire«.

Nach einiger Zeit wurden Uwe und Ulli amtsmüde und wollten aufgeben. Nach einem kurzen Schock und ein paar Tagen voller Traurigkeit entschieden wir uns, ihnen ein Angebot zur Übernahme des Ladens zu machen. Mit den Einnahmen, die wir aus unseren wilden Partys hatten.

Es gelang uns, das Voilà insgesamt acht Jahre lange auf Top-Level zu halten. Und das Publikum ist auch bei uns dann zumindest freitags weiter ziemlich »szenig« geblieben. Einlass war erst ab 21 Jahren, und das war schon sehr sophisticated, auch vom weiblichen Publikum her. Ich würde weiterhin bezweifeln, dass wir bei den Türstehern »von wegen der Stylischkeit« Gnade gefunden hätten. Coolness war in der Szene schon sehr wichtig, aber das hat uns immer weniger interessiert. Bei den meisten anderen Discos ging es ja darum, den neuesten Trend aus Ibiza oder New York zu übernehmen. Auch das war uns nicht so wichtig. Wir wollten kreativ sein und dadurch den Laden am Laufen halten. Am Ende gab es im Voilà drei Clubs, und jeder stand für eine bestimmte Musikfarbe und für verschiedenes Publikum. Später gab es mittwochs den Club »Devil Mania«, freitags »Devil Inside«, und samstags den »EFX-Club«. Das Wort »Devil« in der Namensgebung hatte nichts mit einem Hang zum Teufel zu tun, wir dachten eher an »teuflisch gut« oder »hier ist der Teufel los«.

Der Konkurrenzkampf war groß, aber bei uns standen die Leute Schlange. Wir wussten, dass langes Warten auf die Laune schlägt, also haben wir damals mit der Warteschlangenbetreuung angefangen. Die Leute bekamen ein Getränk, während sie noch warteten, und auch ein paar aufmunternde Worte. Man glaubt gar nicht, wie sehr das die Stimmung entspannen kann. Sie sollte auch später beim »Miniatur Wunderland« eine große Rolle spielen, die bis heute anhält.

Wir haben auch neue Sachen ausprobiert. Nach dem Wochenende wollten wir auch mittwochs einen Club starten. Die

Leute haben abgewinkt: Keine Chance, mitten in der Woche ist Hamburg tot. Aber wir hatten immer den Ehrgeiz, Dinge auch anders zu machen. Die Idee entstand wie so oft ganz spontan. Frederik kam zu mir und schlug mir vor, einfach auf coolem Neonpapier eine für damalige Verhältnisse verrückte Ankündigung zu machen:

Jeder, der an einem der ersten drei Start-Mittwoche zu »Devil Mania« kommt, erhält eine Clubkarte, mit der man in Zukunft jeden Mittwoch freien Eintritt hat. Kann das funktionieren? Hat man dann überhaupt noch Eintrittsgelder? Lassen sich die Menschen davon locken? Eine große Unsicherheit machte sich im Team breit. Und es kam, wie es kommen sollte ... Schon am ersten Mittwoch standen 1000 Leute vor der Tür, die nicht mehr reinkamen. Wir hatten die Aktion dann noch verlängert, und schließlich hatten wir in fünf Wochen mehr als 5000 Stammgäste, vor allem Adressen von Menschen, von denen wir wussten, dass sie gerne auch unter der Woche in die Disco gehen. Das war ja alles noch vor der Zeit von E-Mail und Handy-App, richtig Old-school-Adressen. Und da wir wie bekannt mit Vorliebe hübsche Frauen angesprochen haben, hat sich das Versenden unserer bunten Flyer zusammen mit lustigen und ehrlichen Anschreiben auch auf das Publikum positiv ausgewirkt.

Die Clubkarten konnten eingescannt werden, dafür habe ich dann ein Programm geschrieben, und so konnten wir sehen, wer wie oft kommt und woher, um Fehlentwicklungen sehr früh zu erkennen. Wenn Stammgäste seltener auftauchten, war das ein Alarmsignal, ebenso wenn der Frauenanteil sank bzw. der Männeranteil stieg.

Den Spruch »Wer nichts wird, wird Wirt« kennen wir auch. Wir würden auch nicht behaupten, dass er völlig aus der Luft gegriffen ist, aber Lächeln und freundlich Gucken reicht eben auch nicht. Im Prinzip haben wir in dieser Zeit gelernt, dass uns die Selbstständigkeit liegt und dass wir mit Leuten umgehen können – sowohl Gästen als auch Mitarbeitern. Zeitweise hatten wir bis zu 30 Leute auf der Lohnliste. Aus heutiger Perspektive wäre das zwar ein Kleinstbetrieb, aber für drei Mittzwanziger war das schon eine Herausforderung.

Vielleicht ist es an der Zeit, mal ein Geständnis abzulegen: Zu keinem Zeitpunkt unserer Laufbahn waren wir gute Chefs – zumindest wenn man es klassisch betrachtet.

Wir waren häufig viel zu lasch, zu gutgläubig, zu sozial, zu unwirtschaftlich. Aber es ist gut möglich, dass genau dies langfristig das Geheimnis unseres Erfolges ist.

Und um auch gleich noch mit einem anderen Klischee aufzuräumen: Mit einer Disco kann man nur schwer reich werden. Man lebt gut, man hat viel Spaß, auch jede Bauchpinselei und Bewunderung, aber es gibt häufig keinen Puffer. Außerdem arbeitet man Tag und Nacht. Ich habe mal spaßeshalber unseren Stundenlohn ausgerechnet, und was da am Ende rauskam, war doch ziemlich erschütternd. Und da eine Diskothek – das hat sie mit jeder schnöden Kneipe gemeinsam – von der Gunst des Publikums abhängt und Launen und Moden manchmal über Nacht wechseln, bleibt das selbst in guten Zeiten eine riskante Sache.

Aber im wesentlichen hatten wir das Leben einfach so genommen, wie es kam. Es machte Spaß, also machten wir weiter. Und wenn es gut läuft, stellt man sich ja nicht infrage.

7. FREDERIK:

Clubrocker

Zu Beginn der Voilà-Ära hatte ich eine Lehre als Leasingkaufmann begonnen, sie aber recht bald zu den Akten gelegt. Ich denke, mein Ausstieg war kein Verlust für die Branche, und mir fehlt der Job auch nicht wirklich. Obwohl die Kollegen und alles drum herum nett waren. Es war halt nicht das Richtige. Wenn ich heute ins »Miniatur Wunderland« gehe, zieht ein Lächeln über mein Gesicht. Die Lehre, das hatte dann doch eher an die Schulzeit in ihren härtesten Momenten erinnert. Letztlich hatte ich nach Beendigung einer unfassbar spannenden und erlebnisreichen Zeit als Zivildienstleistender im vermeintlich spannendsten Stadtteil St. Pauli, ganz kurz vorm 1. August diesen Ausbildungsplatz auf Wunsch meines Vaters gesucht. Ohne Abi und mit einem schlechten Realschulabschluss, wenige Tage vor Beginn des Ausbildungsjahrs nicht sehr aussichtsreich, oder? Weit gefehlt – ich hatte die Qual der Wahl. Aber warum bloß? Weil ich mal wieder etwas frecher war ... Ich schaltete eine Anzeige im *Hamburger Abendblatt* mit fetten Lettern:

»Mir ist mein zum 1.8. eingeplanter Ausbildungsplatz abhanden gekommen und Ihnen ist kurzfristig ein Azubi abgesprungen. Wann sprechen wir miteinander?«

Anzeige aufgegeben und – zack – in einen Kurzurlaub gefahren. So wichtig war es mir dann doch nicht. Am 25. Juli kam ich nach Hause, und auf dem Anrufbeantworter blinkte eine 20! Zwanzig verzweifelte Ausbildungsbeauftragte und Personalchefs, die noch schnell eine Stelle besetzen wollten. Ich habe mir drei ausgesucht und brauchte bei zweien nicht mal die Zeugnisse zu zeigen. Sechs Tage später begann ich meine Lehre und hatte nach der spannenden Zeit als Zivi nur wenige Tage Auszeit. Obwohl der Zivildienst nicht besonders anstrengend war. Eher eine Zeit fürs Leben. Ich war beim Mobilen Sozialen Hilfsdienst der Sozialstation St. Pauli eingesetzt. Jeden Tag alten Omis den Einkauf machen oder mit ihnen spazieren gehen. Mal einen Behinderten nach Lübeck begleiten oder mit Frau Knack drei Stunden »Mensch ärgere Dich nicht« spielen. Das war lehrreicher als jede Lehre. Alte Menschen haben so viel zu erzählen und so viel zu geben, wenn man sie in sein Leben lässt. Wenn man sie ernst nimmt und nicht nur »betreut«. Ich wurde sogar in einem Testament berücksichtigt und bekam einen Kühlschrank, weil die Dame sich erinnerte, dass meiner immer kaputt war.

Gerrit hatte – zumindest offiziell – noch bis 1996 studiert, aber dann hatte sich auch das erledigt. Spätestens zu diesem Zeitpunkt waren wir Fulltime-Geschäftsführer einer GmbH, obwohl wir vor einigen Monaten noch nicht einmal wussten, welcher der vier Buchstaben klein geschrieben wird, geschweige denn, welche Pflichten eine solche Firma mit sich bringt. Aber das sollten wir bald lernen.

1994 bauten wir den Laden um und hätten uns damit fast übernommen. Als die alten Betreiber aufhörten und wir den Club übernahmen, musste die Konzession erneuert werden, und da kannten unsere alten Freunde von der Feuerwehr zu Recht keine Verwandten. Die Auflagen waren so aufwändig, dass sie uns fast in die Knie gezwungen hätten.

Da wir bislang peu à peu gewachsen waren, war bislang kein Fremdkapital nötig. Ein Schock war es dann aber schon, als wir erfuhren, dass es nicht nur Steuerzahlungen gibt, sondern auch so etwas wie Abschreibungen. Ich weiß noch, wie Gerrit sagte: »Viel gelernt habe ich in meinem Wirtschaftsinformatikstudium wohl nicht, aber wie Abschreibungen funktionieren, das habe ich jetzt verstanden.«

Nach drei Jahren Voilà hatten wir genug Selbstbewusstsein, uns als professionelle Ladenbetreiber zu betrachten. Bei den Barleuten ging es neben Zuverlässigkeit und Vertrauenswürdigkeit auch um Aussehen. Und nicht darum, ob einer im Stil von Tom Cruise in *Cocktail* mit einer Flasche jonglieren konnte. Bei den DJs ging es nach Name und Qualität. Im Voilà sind dann auch Weltstars aufgetreten. Das konnte eine tolle Erfahrung oder sehr ernüchternd sein. Manche haben einfach nur ihre zwei Mille eingesackt und ihr Set runtergenudelt. Andere wie Marusha oder WestBam waren total ausgeflippt und haben eine richtige Party draus gemacht.

Wir wollten das Geschäft immer noch besser verstehen. Und da Diskotheken nun mal ein »People's Business« sind, muss man wissen, was die Leute bewegt. Wir haben immer versucht, unseren Laden mit den Augen der Gäste zu sehen. So haben wir Statistiken ausgewertet und immer geguckt, was abläuft. Kommen zu viele Männer? Dann haben wir die Frauen angeschrieben und Getränkegutscheine versandt. Eine Diskothek mit Männerüberschuss kannst du eigentlich gleich zumachen, es sei denn, du willst einen Männergesangsverein gründen. Und wenn das Verhältnis erst mal gekippt ist, dann ist es eigentlich schon viel zu spät, es wieder in Balance zu bringen. Deshalb sind die ersten Indikatoren so wichtig. Wir haben im Laufe der Zeit ein wahrhaftiges Frühwarnsystem entwickelt. Wenn der Bierumsatz steigt und der Sektumsatz sinkt, ist das meist ein Zeichen dafür, dass das männliche Publikum zunimmt. Man kann dann Aktionen planen wie: Alle Jungs bekommen eine Rose in die Hand gedrückt, die sie ihrer Herzensdame überreichen können. Das mag ein bisschen nach *Der Bachelor* klingen und kitschig, aber es hat funktioniert. Die Leute wollen bespaßt werden, außerdem ist es immer gut, wenn man etwas macht, worüber die Leute reden. Man kann sich kaum vorstellen, was man selbst mit dem coolsten Szenepublikum erleben kann, wenn man sie zu Kindern werden lässt: An einem Karfreitag haben wir zum Spaß mal 500 niedliche Plüschhasen in allen Größen an Fäden unter die Decke gehängt. Die Fäden waren einzeln hinter die Tresen über ein Hakensystem so verlängert, dass man sie einzeln herunterlassen konnte und die Männer sie »jagen« konnten. Wir nannten es etwas doppeldeutig »Hasenjagd ...«. Es war toll anzusehen, wie Frauen die Männer einpeitschten und 20 Männer um die Hasen kämpften, die wir von der Decke langsam runterließen und immer im letzten Moment wieder hochzogen. Die Männer sprangen um ihr Leben, um sie zu ergattern. Der Karfreitag wurde wie viele andere Mottoabende durch diese Ideen zum Kult über fast ein Jahrzehnt.

Mit der Clubkarte, die wir anlässlich der Mittwochsdisco eingeführt hatten, und den hinterlegten Adressen konnten wir auch unsere Attraktivität testen. Wenn Stammgäste aus, sagen wir mal, zehn Kilometern Entfernung kommen, dann kannst du sicher sein, dass du in Hamburg eine attraktive Adresse bist. Wenn dein Einzugsradius jedoch immer kleiner wird, dann zeichnet sich Ärger am Horizont ab. Bestimmte Stadtteile waren »besser« als andere. Zu viele Stammgäste aus dem Speckgürtel von Hamburg sprachen für eine vermeintlich negative Veränderung. Das alles konnten wir mit Gerrits Software auswerten. Und wenn man mal ehrlich war, zeigt es ganz deutlich, wie oberflächlich das Nachtleben ist. Der Hauptgrund, warum ich dann irgendwie müde davon wurde.

Ich würde aber niemals behaupten, dass wir die Einzigen waren, die so gearbeitet haben. Viele Gastronomen machen das aus dem Bauch und meistens auch richtig. Aber Datenfrickler Gerrit hat immer neue Methoden entwickelt, um zu verstehen, was unsere Gäste wollten.

Dabei besteht natürlich immer die Gefahr, dass man sein Profil verliert und wie ein übereifriger Hund immer versucht vorauszuahnen, wo Herrchen gerade hinwill. Aber da konnten wir uns immer gut gegenseitig in der Balance halten. Und wenn man einen Laden über so lange Zeit auf so hohem Niveau hält, kann das kein Zufall sein. Es ist natürlich immer gut, wenn man sich wirklich für Leute interessiert und in ihnen mehr als Zahlen und Nummern sieht.

Im Prinzip haben wir damals im Voilà die Grundlage dafür gelegt, wie wir heute im »Miniatur Wunderland« mit unseren Gästen umgehen. Solange man plant und baut und grübelt, hat man vor allem eine Panik: Was, wenn keiner kommt? Es gibt ja diesen amerikanischen Film *Feld der Träume*, wo ein Baseball-Fan eines Tages durch ein Maisfeld läuft und ihm plötzlich eine Stimme zuflüstert: »Wenn du es nur baust, dann werden sie kommen.« Worauf der Typ dann ein Baseballstadion baut. Was in dem Film weiter passiert, weiß ich nicht mehr, aber dieses Gefühl, diese Hoffnung, dass man für seine Mühen entlohnt wird, das kennen wir natürlich nur zu gut.

Als altgedienter »Miniatur Wunderländer« muss ich allerdings sagen, wenn die Leute da sind, hören die Probleme noch längst nicht auf. Man möchte ja, dass die Gäste gut gelaunt und glücklich sind und zufrieden wieder nach Hause gehen. Deshalb habe ich mich im Laufe der letzten Jahre zu einem der größten Experten in Sachen virtueller und realer Gästebetreuung entwickelt.

Es ist natürlich der absolute Horror, wenn viele Leute reinwollen, aber warten müssen. Langes Warten, vielleicht mit quengelnden Kindern, hebt nicht gerade die Stimmung. Und genau die Stimmung beim Betreten des »Wunderlandes« entscheidet – mehr als man denkt – mit darüber, wie man es dann erlebt. Deshalb steuere ich über die Webseite die Wartezeiten sehr genau. Ich verändere sie immer wieder, bis zu zehnmal am Tag. Das ist definitiv eine Sache, bei der man mich einen Nerd nennen darf, ohne dass es gleich Widerworte hagelt.

Eine andere Sache ist das Wetter. Wir sind mittlerweile Profis, wenn es darum geht, Wetterberichte anders zu lesen, als es der normale Mensch für seine Ausflugsplanung tut. Insofern hätte es vielleicht doch geholfen, wenn Gerrit nach seiner Zeit beim Bund es mit einem Meteorologie-Studium versucht hätte, aber nun geht es auch so.

Wenn die Sonne stärker als erwartet scheint, heißt das für uns, dass vermutlich mehr Leute an den Strand gehen, als zu uns kommen. Dann werden die Kapazitäten, die man über das Netz reservieren kann, sofort raufgefahren, da wir vor Ort nicht mehr so viele Spontanbesucher verarzten müssen. Bei Regen geht es in die andere Richtung. Es gilt immer, den besten Kompromiss zwischen einigen Faktoren zu finden: Bloß nicht zu voll, möglichst wenig Gäste warten lassen, und wenn, dann nur kurz, und natürlich möglichst keine Gäste wegen Überfüllung abweisen müssen. Alles immer primär zum Wohl der Gäste und am Ende auch für uns. Denn zufrieden sind wir, wenn wir unsere Gäste größtmöglichst glücklich sehen. Kernzielgruppe dieser Bemühungen ist das zehnjährige Quengelkind, das seine Eltern nun endlich überredet hat, mal ins »Miniatur Wunderland« zu fahren und nun natürlich drauf und dran ist, die Luftschutzsirene einzuschalten, wenn es nicht sofort an den Ort der Träume geht.

Dazu kommt das Festlegen der Öffnungszeiten. Denn wenn wir die Öffnungszeiten verlängern, weil wir mit größerem Andrang rechnen, zieht das einen ganzen Rattenschwanz interner Veränderungen nach sich. An den Kassen müssen Leute länger arbeiten, Shops und Kantine müssen länger besetzt werden. Sieben Leute am Leitstand werden länger benötigt, und die Anlage braucht am Ende mehr Wartung. Und wenn sich die Prognose nicht erfüllt, dann hat man die Personalkosten erhöht, aber außer Spesen war dann nichts gewesen. Bis 1:00 Uhr morgens verlängern wir die Öffnungszeit sicherlich 20 bis 30 Mal im Jahr. Karfreitag oder Himmelfahrt kann es auch mal bis 2:00 Uhr gehen. Wir haben auch schon durchgemacht. Oder als der Luxusliner *Queen Mary* zum ersten Mal nach Hamburg kam, einfach mal um fünf Uhr morgens geöffnet. Bei der Ankunft des Superschiffes standen Zehntausende Menschen um 4:30 Uhr am Pier, um einen Blick zu erhaschen. Da bin ich dann zusammen mit unserem langjährigen Mitarbeiter Martin, der schon zu Voilà-Zeiten jeden Mist mit uns mitgemacht hat, die Kaimauern langgelaufen, um die eine, aber fette Botschaft zu verbreiten: »Heute öffnet das ›Miniatur Wunderland‹ um 5:00 Uhr.« Wir hatten volles Haus, denn viele Leute waren, nachdem sie sich sattgesehen hatten, auch noch neugierig auf das »Miniatur Wunderland«. Um 6 Uhr morgens hatten wir 60 Minuten Wartezeit, da wir die Kapazitätsgrenze bereits erreicht hatten. Einige wollten sich vielleicht auch nur kurz aufwärmen, aber für uns kommt das ja aufs selbe raus. Leider hatten wir kaum Personal eingeplant, da wir damit niemals gerechnet hätten. Also haben uns einfach ein paar Gäste geholfen, Brötchen zu schmieren oder Getränke zu verkaufen.

Das Ganze ist eine Wissenschaft für sich. Nein, das stimmt nicht so ganz, es ist eine Mischung aus Kunst und Wissenschaft. Nee, das stimmt immer noch nicht, es ist schon eher eine Kunst.

Dabei versuchen wir auch immer, sozial zu sein, obwohl das betriebswirtschaftlich manchmal unklug ist. Da Kinder die Hälfte zahlen, schneiden wir uns ins eigene Fleisch, wenn wir ein großzügiges Kontingent an Quengelkindvermeidungskarten bereitstellen. Aber wir machen das eben. Genauso arbeiten wir mit kostenlosen Reservierungen. Mittlerweile lässt sich fast jedes Event das Vordrängeln teuer bezahlen. Das heißt, wer mehr zahlt, muss nicht Schlange stehen. Noch mal: darf vordrängeln! Zweiklassengesellschaft. Das machen wir nicht. Die reservierten Tickets sind genauso teuer wie die normalen. Alles, was man tun muss, ist sie im Netz zu reservieren. Knapp 1000 Besucher können gleichzeitig im »Miniatur Wunderland« sein. Die bleiben im Schnitt mindestens zwei bis drei Stunden. Natürlich hat Gerrit längst ein Programm geschrieben, welches sensibel auf die Gästebewegung reagiert. Wenn hinten mehr Leute rausströmen, kommen vorne automatisch mehr rein. Das aber vorauszusagen ist verdammt schwer. Bei Sonne bleiben die Gäste kürzer als bei Regen. Bei Regen essen sie lieber bei uns, während sie bei Sonne draußen die Cafés entern. Samstags bleiben die Gäste länger als sonntags. Mittwochs kommen doppelt so viele Schulklassen wie freitags. Läuft Fußball, wird's ruhiger, regnet es beim Hafengeburtstag, werden wir geentert, während bei Sonne beim selben Fest bei uns fast Däumchen gedreht werden können. Na ja, etwas übertrieben, aber die Schwankungen sind krass.

Wir haben übrigens auch sehr viele Wiederholungstäter. Sie bleiben länger als der Durchschnittsgast. Typisch sind Campingurlauber von Nord- und Ostsee, für die ein Besuch im »Miniatur Wunderland« mittlerweile zum Urlaub gehört. Ich kenne auch Leute, die schon hundertmal da waren. Auf Facebook haben wir viele Follower in Südamerika, Brasilien, Mexiko. Von denen werden vermutlich die wenigsten leibhaftig bei uns in der Speicherstadt auftauchen, aber ich finde es trotzdem schön, wenn sie an unserem Treiben Anteil nehmen.

Ups, jetzt bin ich aber ganz schön gesprungen, schnell wieder zurück in die Zeitmaschine in die Zeit kurz vor der Jahrtausendwende.

Dass wir auch zu einem eigenen Platten-Label kamen, haben wir Christian Engel zu verdanken. Der war regelmäßiger Gast bei uns, und wir haben auch das Plattenlabel unterstützt, für das er damals gearbeitet hat, indem unsere DJs viele Songs von dem Label gespielt haben. Christian ist auch menschlich ein dufter Typ und heute noch einer meiner Lieblingsmenschen.

Wir haben dann das besagte Label mit ihm und einem unserer

DJs (Christian Scharnweber alias *DJ Mellow-D*) übernommen. Für den Namen »EDM« mussten wir bezahlen. Das war aber damals nur ein kleines Label, die hatten höchstens sechs oder sieben Künstler unter Vertrag. Anfangs waren wir zögerlich. Auf der einen Seite war es schon verlockend, sich plötzlich mit dem Titel Label-Eigner schmücken zu können, andererseits heißt es ja nicht ganz zu unrecht: Schuster, bleib bei deinen Leisten.

Noch heute stehe ich übrigens auf alles, was gute Melodien hat, gehe aber immer noch gerne mal in einen Club, in dem gute »Electro«-Musik läuft. Vor ungefähr acht Jahren hatte ich allerdings ein bahnbrechendes Erlebnis: Kurz bevor ich meine heutige Frau kennengelernt habe, war ich eine Zeit lang wieder öfter in Clubs unterwegs. Und da genießt man es schon, wenn man auch mal angelächelt wird. Und wenn dann eine sehr tolle Frau noch mal vorbeikommt und einen angrinst, dann genießt man das noch mehr. Nur wenn sie dann beim dritten Mal stehen bleibt und – zwar immer noch lächelnd – fragt: »Sind Sie nicht der Typ von der Modellbahn?« –, dann genießt man das nicht mehr so sehr. Siezen in der Disco – wenn das mal nicht die Höchststrafe ist! Ich glaube, an diesem Abend bin ich ausnahmsweise mal früh gegangen.

Ich mag geile Rhythmen oder eben eine gute Melodie. Und ich glaubte immer zu hören, wenn ein Song Hit-Potenzial hatte. Ein »Brett«, wie die Leute aus der Plattenbranche sagten. Als DJ hatte ich immer jemanden zum Wetten gesucht, wenn ich einen guten Song gehört hatte. »Wetten, das wird eine Nummer eins in Deutschland.« Und ich hatte unangenehm oft recht. Aber einen eigenen Top-Titel zu haben, das ist schon eine ganz andere Nummer. Unsere ersten Platten liefen ganz ordentlich, verkauften sich so um die tausendmal.

Anfangs kannten wir aber noch keinen DJ aus dem sogenannten Tipper-Pool. Die Pool-DJs waren die großen Multiplikatoren, die bestimmten, was in die Charts kam. Die deutschen

Dance-Charts wurden von 400 DJs getippt. Die Tipper waren damals so geheimnisumwoben wie die Leute, die für die Fernsehsender die Quoten ermitteln. Viele Leute hätten vieles dafür gegeben, da mal alle Adressen zu haben. Guenes, ein Promoter (genau der, der im Nebenberuf für Gerrit als Navi-Ansager arbeitete), hatte gerade seinen Job verloren. Also haben wir ihn zu uns geholt und mit ihm viele der begehrten Adressen. Er war dann der erste und einzige Angestellte des Labels EDM. EDM stand damals für Electronic Dance Music und hatte noch nichts mit dem erst später bekannten Genre »EDM« zu tun. Aber es war bereits genau die Musik, die wir veröffentlichten. Mit Guenes wollten wir durchstarten. Wir haben dann gesagt, wir fangen völlig neu an und stellen das ganze Programm um. Die erste neue Single bekommt die Nummer 001, und Mellow darf die erste Nummer machen.

Er hat uns dann seine nächste Single vorgestellt. Die hat mich nicht vom Hocker gehauen, aber er hatte eine alte B-Seite, die mir gefiel, obwohl ich eigentlich überhaupt kein Hardcore-Techno-Fan war. Nach ein paar Diskussionen haben wir dieses Stück erneut auf der sogenannten B-Seite unserer Katalog-Nummer-eins-Single veröffentlicht, als Plattenhülle einen auffälligen Karton genommen und die Platte auf blaues Vinyl pressen lassen. Erstmal 1500 für den Handel und 500 für die DJs, die als Multiplikatoren infrage kamen. Die Platte ging durch die Decke, wurde also zum Brett. Und zwar wegen der B-Seite. Fast täglich haben wir in Tausenderschritten immer weiter nachgepresst, und plötzlich stand Universal vor unserer Tür und hat die Nummer »gesignt«, wie man so schön sagt. Also von uns lizenziert und einen Megahit mit über 200 000 verkauften Singles daraus gemacht. Wenn du mit einer B-Seite in solche Regionen vorstößt, dann guckt sich die Branche schon an, wer dahintersteckt. Wir hatten dann schnell Vertriebs-Deals mit großen Labels, die unsere Songs auf der ganzen Welt rausgebracht haben.

So kamen wir dann auf Platz 43 in den US-Billboard-Charts, und in Großbritannien brachten wir es immerhin zu einer Silbernen Schallplatte, allerdings mit einem anderen Song. Und das waren damals noch deutlich mehr als drei Stück. Das war ja die Zeit, als CDs noch boomten und niemand an Downloads oder File-Sharing dachte.

»Phuture Vibes« – so hieß der Song von Mellow – hat für EDM die ersten großen Umsätze gebracht. Danach hatten wir noch weitere Hits, »Kernkraft 400« von Zombie Nation ist, glaube ich zumindest, noch heute Einlaufmusik beim SC Freiburg und hat es, wie oben beschrieben, auf Platz 2 in England und Platz 1 in Griechenland gebracht. In einigen anderen Ländern in die Top 10 oder Top 50.

EDM ging dann richtig durch die Decke. Damals haben wir tatsächlich kurz davon geträumt, das Voilà irgendwann aufzugeben und uns ganz auf das Musikproduzentengeschäft zu stürzen. Denn damals konnte man mit CDs noch richtig Geld verdienen, was ja irgendwann im Leben vielleicht mal nötig würde. Und genügend Spielwiesen für unsere Kreativität hätten wir auch gefunden. Allerdings hatte schon damals ein gewisser Karlheinz Brandenburg am Fraunhofer-Institut ein Dateiformat namens MP-3 entwickelt. Die Vorarbeiten dafür hatten schon in den achtziger Jahren begonnen, und als die Wissenschaftler bei den Plattenfirmen anfragten, ob sie in die Soundfiles nicht einen Kopierschutz einbauen sollten, hatten die nur müde den Kopf geschüttelt. Was soll das denn? Unsere Profitmargen sind so groß, da können uns die paar Raubkopierer nicht schrecken. Das hatten wir doch alles schon mal? Weiß denn keiner mehr, was für ein Wind um Kassetten gemacht wurde? Ich jedenfalls, mit meinem frisch bestätigten Hit-Instinkt, hatte großen Bock auf eine neue Herausforderung im Record-Business. Rein logisch betrachtet sprach alles dafür. Seit meinen Teenager-Tagen hatte ich mich auf Tanzflächen rumgetrieben. Ich hatte gehört, was in den achtziger Jahren angesagt war, und in den neunziger Jahren hatte ich zumindest erkannt, was laufen könnte. Der Betrieb einer Diskothek hingegen reizte mich immer weniger, denn da hatten wir nach einem knappen Jahrzehnt wirklich alles durch, dachte ich zumindest. Wenn auch in einem relativ bescheidenen Rahmen, aber Anfänge haben es nun mal an sich, dass sie bescheiden sind. Zusammen mit Gerrits bewährter Trial-and-Error-Methode und den beiden Christians würden wir EDM zu – na vielleicht nicht einem Big Player, aber doch zu einer dauerhaften Größe im Musikgeschäft machen können. Im deutschsprachigen Raum bestimmt, aber warum nicht auch darüber hinaus. Der Gedanke, etwas zu machen, was auch weltweit wahrgenommen wird, der hat mir schon sehr gut gefallen. Aber dann beschloss ich, erst mal in den Urlaub zu fahren.

8. GERRIT:

Der Mann *in* den Bergen

Kann sich noch jemand an den »Millennium Bug« erinnern? Wie alle Welt im Jahre 1999 fürchtete, die Computernetzwerke würden zusammenbrechen, weil ja angeblich kein Computer darauf vorbereitet sei, dass es nach 1999 einfach mit 2000 weitergeht? Diverse Horror-Szenarien wurden entworfen, wie Computer nach dem 31.12.1999 wieder auf den 01.01.1901 umschalten würden und dadurch alle Rentenzahlungen, Finanzämter und sonstigen Behörden kollabieren. Streckenweise war die Aufregung so groß wie 2012, als manche Leute dachten, die Prophezeiung der Maya – was immer das genau gewesen sein mag – würde nun wahr werden.

Es ist nachvollziehbar, dass sich mit einer Jahrtausendwende die Erwartung verbindet, es würde auch im persönlichen Leben große Umwälzungen geben. Bei mir war genau das Gegenteil der Fall. Von mir aus hätte es gerne noch ein paar Jahre so weitergehen können wie bisher.

Die Love Parade des Jahres 2000 fand am 8. Juli statt. Das war übrigens das letzte Mal, dass sie unter der Rubrik »politische Demonstration« lief. Das war natürlich ein harter Schlag für unsere hehren politischen Ziele, schließlich hatten wir in Hamburg eine wichtige Rolle beim »G-Move« eingenommen, der ein Mix aus Ableger und Kopie der Love Parade war. Ich wusste also, der politische Kampf würde weitergehen. (Ironie off. Natürlich war der G-Move genauso unpolitisch wie die Love Parade. Der Name stand übrigens für Generation-Move, nicht Gerrit-Move.)

Das Klima in der Disco-Szene war in den letzten Jahren rauer geworden. Es gab auch bei uns Versuche von Schutzgelderpressung, die zwar letztlich alle glimpflich abliefen, aber dennoch zu Situationen führten, wie wir sie bis dahin nur aus Action-Filmen kannten. In der Szene kam es sogar zu Schießereien. Das war alles nicht so hübsch, aber dennoch ging ich davon aus, dass wir weiter im Geschäft bleiben würden. Wir hatten ja unser Team, eingespielte Leute, die – wie sie uns mehrfach versichert hatten – für uns »durchs Feuer gehen würden«, und es sprach einiges dafür, dass das nicht nur Lippenbekenntnisse waren. (Anmerkung Frederik: Heiko, Axel und Duschan, falls ihr das hier lest, ihr wart die Könige der Disco-Türen [Und seid es noch …]! Danke für über 1000 Abende, die ihr so sicher gemacht habt.) Gemeinsam mit der immer frühzeitiger eingeschalteten Polizei haben wir die Situationen immer wieder in den Griff bekommen. Ich werde aber nicht den Tag vergessen, als uns beiden bei Beratungen mit dem LKA auferlegt wurde, für eine Woche die Stadt zu verlassen, da sich Zwillinge schwieriger schützen ließen als »Normalbürger«. Stephan musste dann als alleiniger Verantwortlicher einen ganz besonderen Mittwochabend in der Diskothek verbringen. An diesem Abend wurde uns angedroht, dass etwas »Schlimmes« passieren würde, wenn wir nicht nachgäben. Nachgeben hieß übrigens damals, völlig überteuertes »Schutzpersonal« der Erpresser einzustellen. Was dann bei Akzeptanz dieses loyalen Personals als nächster Schritt passieren würde, kann man sich denken. An dem Mittwoch geschah zum Glück nichts, und durch eine gut vorbereitete Aktion der Polizei gemeinsam mit unseren Türstehern konnte wenige Tage danach eine Verhaftung erfolgen, die uns für einige Zeit Ruhe bescherte.

Auf unserer dritten Party hatte ich meine langjährige Freundin kennengelernt, die auch oft an der Kasse saß. Wir waren fast die ganze Zeit, die wir das Voilà betrieben, zusammen. Frederik hat in dieser Zeit entschieden mehr Abwechslung gehabt. Worum ich ihn manchmal beneidet habe. Ich weiß nicht, ob ich meinen

Kindern viel fürs Leben mitgeben werde, aber falls eines von ihnen eine Diskothek aufmachen sollte, würde ich dringend dazu raten, sich in dieser Zeit nicht fest zu binden. Und wenn doch, die Freundin nicht an die Kasse zu setzen. Ich glaube, ich muss das nicht weiter ausführen.

Ich hatte wohl tief in mir das Gefühl, irgendwann würde meine Chance des freien Auslebens noch kommen. Beim ersten dieser Versuche verliebte ich mich gleich so sehr (in meine jetzige Frau Micky), dass es sofort einen Wechsel in die nächste sehr feste Beziehung gab.

Ich hatte also nicht im geringsten den Gedanken, das Nachtleben bald zu verlassen.

Frederik sah das zu diesem Zeitpunkt anders. Er war frisch verliebt und fand immer seltener Zeit für das Voilà. Außerdem ließ er anklingen, dass ihm die Oberflächlichkeit des Nachtlebens doch immer öfter aufstieß und er sich über eine neue Herausforderung freuen würde. Ich nahm das hin und hielt das für Sprüche, die man halt immer mal wieder klopft, wenn man so lange im Geschäft ist.

An der Love Parade in Berlin hatten wir wie immer mit einem eigenen, großen Wagen teilgenommen. Unsere »Feier Crowd« hatten wir wie jedes Jahr mit 20 Bussen nach Berlin transportiert – und danach wieder zurück, damit die Party in unseren Räumen weitergehen konnte.

Nach der Love Parade war Frederik mit seiner Freundin in den Urlaub in die Schweiz gefahren, um Freunde zu besuchen. Andrea und Robert in Zürich ahnten zu dem Zeitpunkt nicht, dass sie für etwas ganz Verrücktes mitverantwortlich sein würden. Zurück blieb der brave Gerrit, der sich ja um die Disco kümmern konnte.

Teamplayer, der ich war, ergab ich mich meinem Schicksal und kümmerte mich um die Dinge, die zu erledigen waren. Am 13. Juli klingelte das Telefon. Frederik war am Apparat. Nun kenne ich meinen Bruder als einen Menschen, der schwer loslassen kann, deshalb war ich erst mal nicht überrascht. Ich wusste auch, dass er immer wieder für eine schräge Idee gut war, aber was er dann in dem Anruf äußerte, haute mich von den Socken.

»Ich weiß, was wir als Nächstes tun. Wir bauen die größte Modelleisenbahn der Welt.«

In Zürich war seine Stimmung an dem Tag nicht ganz so gut gewesen, wie es öfter geschieht, wenn ein Mann und zwei Frauen zusammen einkaufen gehen. Zu viele Läden und dann kam in der kleinen Marktstraße auch noch ein kleiner Laden, um Fonduekäse zu kaufen. Frederik blieb einfach draußen. Nichts zu suchen war sein Sinn, und da fiel ihm plötzlich ein Laden ins Auge. Auf dem Ladenschild stand:

Modellbahn Center Kägi
Inh. Daniel Kägi
Marktgasse 10
CH-8001 Zürich

Frederik verstand erst nicht, warum dieser Laden ihn so magisch anzog. In der Nähe des Voilà gab es auch ein Modellbahngeschäft, aber da war er nie reingegangen. Modelleisenbahn, die Faszination der Schienenwelt, das war alles längst vergangene Kindheit. Zwar gab es schöne Erinnerungen, aber schon sehr verblasst. Aber irgendwo musste der Virus in ihm gelauert haben.

Also in Zürich, in dieser sonderbaren Stimmung, war er in das Geschäft gegangen, das es leider heute nicht mehr gibt, und plötzlich kamen all die Kindheitserinnerungen wieder hoch. Dabei war der Laden gar nichts Besonderes. (Sorry, Daniel.) Aber das Geschäft erinnerte Frederik auf wundersame Weise an die Läden, an deren Schaufenstern wir uns als Kinder die Nasen plattgedrückt hatten. Die Erinnerung, dass wir einst eine große Anlage bauen wollten, in unseren Reihenhäusern, wenn wir einmal erwachsen sein würden, die war plötzlich wieder da. Dabei hatte keiner von uns zu diesem Zeitpunkt Kinder, was ansonsten als Auslöser für diesen Flashback erklärbar gewesen wäre. Die Idee traf ihn tatsächlich wie ein Blitz aus heiterem Himmel.

Ich hörte zu und schwieg. Wie damals Opa bei unserer Geburt, als er erfuhr, dass er als Enkel weder ein Mädchen noch einen Jungen sondern Zwillinge bekommen hatte.

»Was meinst du?«, fragte Frederik, als ihm nach einer Weile mein Schweigen am Telefon zu lang wurde.

Was ich meinte? Dass es in Zürich wohl eindeutig zu heiß war. Dass ihm der Alm-Öhi eins über den Schädel gegeben hatte und er nicht mehr klar denken konnte.

»Du hast einen Sonnenstich«, sagte ich.

»Ich rufe nachher noch mal an«, sagte Frederik.

Ich legte auf.

Ganz ehrlich, insgeheim fand ich die Idee toll. Ich weiß nicht, ob Frederik in der Schweiz eine besondere Form der Telepathie erlernt hatte, aber sobald ich das Telefonat beendet hatte, zuckten auch durch meine Synapsen die Bilder und Momentaufnahmen unserer Kindheit. Allerdings waren meine grauen Zellen eben auch mit vielen anderen Dingen beschäftigt. Deshalb war ich sehr skeptisch. Ich fürchtete, da würde jede Menge zusätzlicher Arbeit auf mich zukommen. (Und zumindest in diesem Punkt sollte ich recht behalten.) Außerdem hing ich auch noch an meinem aktuellen Job und konnte mir nicht vorstellen, dieses Modelleisenbahnunterfangen raus aus der Verspieltheit rein in eine Wirtschaftlichkeit zu bringen, von der man leben könnte. Aber eine reizvolle Idee war es allemal. Schade, dachte ich irgendwie und arbeitete weiter.

Außerdem fand ich es etwas dreist, dass Frederik in den Urlaub gefahren war, mich mit der ganzen Schufterei zurückließ und dann noch mit irren Ideen bombardierte, die noch mehr Arbeit verhießen.

Abends rief Frederik wie versprochen noch mal an. Da hatte ich allerdings schon im Internet gesucht und herausgefunden, dass es im Harz bereits eine Modellbahnanlage gab. Und dann noch eine weitere in Deutschland. Frederik lachte. Denn nun wusste er, dass ich Blut geleckt hatte.

Die anderen Anlagen sahen aber eher nach verstaubtem Männerhobby aus. Waren also keine wirkliche Konkurrenz, denn so etwas wollten wir definitiv nicht machen.

Nach dem 13. Juli telefonierten wir jeden Tag.

Auf der Rückfahrt, das waren immerhin gute eintausend Kilometer, erstellte Frederik eine Liste von all den Features, die unsere Anlage besitzen sollte.

Und als er in Hamburg ankam, präsentierte ich ihm *meine* Liste. Da war die Idee mit der Lichtsteuerung, dass es in unserer Anlage also mehrmals einen Tag- und Nachtwechsel geben sollte, schon fertig skizziert.

Das alles war in nicht mal einer Woche entstanden.

Alle unsere Freunde und Bekannten sagten: Ihr spinnt. Aber wir ließen uns nicht abbringen. Wir waren mittlerweile überzeugt, dass unsere Idee gut war. Aus Erfahrung. Es war ja nicht unser erster Einfall.

Wenn Frederik eine Idee hat, dann entstehen bei ihm Bilder im Kopf. Viele der kleinen Szenen, die nachher auf der Anlage erschienen, spukten ihm damals schon durch den Kopf. Bemerkenswert war, dass die meisten dieser Szenen überhaupt nichts mit Eisenbahn zu tun hatten. Wenn wir die Szenen so hinkriegen, wie Frederik sie im Kopf hat, dann würde es funktionieren.

Aber menschliche Stimmungen schwanken. Nach einiger Zeit war es an Frederik, nervös zu werden. Denn die Pessimisten wurden ja nicht weniger. Nahezu jeder sagte weiterhin: Das ist eine kindsköpfige Idee. Ihr werdet euch vor aller Welt blamieren und dabei Millionen in den Sand setzen.

Aber dann sagte ich zu ihm: »Mach einfach weiter. Recherchiere ein bisschen. Ich kümmere mich weiter um die Disco.«

Wie man sieht, hatte ich inzwischen auch ein wenig Zeit zum Nachdenken gehabt. Und solange immer nur einer von uns beiden zeitweilig vom Glauben abfiel, konnte es weitergehen.

Frederik hat dann im Internet – dabei darf man bitte nicht vergessen, dass das Internet 2000 noch in einem anderen Zustand war als heute – weiter recherchiert. Er wollte eine Umfrage machen. Dafür erstellte er eine Liste von 40 Hamburger Sehenswürdigkeiten. Unser Kompagnon Stephan hatte die auf einer Webseite aufgelistet. Da waren auch ausgedachte Sehenswürdigkeiten dabei. So zum Beispiel ein »Cyberspace Museum« oder ein »Biermuseum«, und eben eine Modellbahnanlage, die dem heutigen Wunderland in der Beschreibung schon überraschend nahe kam. Die anderen ausgedachten Ausstellungen sollten von der Modellbahn ablenken, wenn jemand sich in Hamburg so gut auskannte, dass er bei der Beschreibung des Wunderlandes nicht an die alte Modellbahnanlage im damaligen Museum für Hamburgische Geschichte dachte, die wir als Kinder zigmal besucht haben. Es sollte keiner durchschauen, um welche neue Ausstellung es sich handelte.

Und dann machten wir die Umfrage.

Bei AOL gab es damals die Funktion, dass man sehen konnte, wer gerade online war. Und da hat Frederik zwei Nächte lang 10 000 Leute angeschrieben und sie gefragt, ob sie bei der Umfrage mitmachen würden. Die Frage lautete: »Wenn du als Tourist nach Hamburg kommst, was würdest du dir anschauen?«

Bewerte bitte wie folgt:

1 = Schaue ich mir auf jeden Fall an.

6 = Würd ich mir auf keinen Fall ansehen.

Nach 48 Stunden hatte Frederik 3000 Antworten. Bei den

Männern lag die Modellbahn auf Platz drei. Jeder zweite Mann hatte angegeben, dass er gern einen Blick auf die Modellbahnanlage werfen würde. Und nun ratet mal, auf welchem Platz sie bei den Frauen landete? Mit großem Abstand auf dem letzten Platz! Selbst das Biermuseum lag hier im Mittelfeld. Dieses Votum war bei den Frauen also die absolute Höchststrafe. Aber das Ergebnis war für uns eine Sensation! Wir glaubten nun umso mehr, dass die Sache funktionieren konnte. Wir planten ja keine gewöhnliche Modellbahnanlage. Wenn sonntags Vater, Mutter, Sohn und Tochter Tagesplanung machten und der Sohn »Modelleisenbahn« vorschlug, mussten auch Mutter und Tochter ja sagen. Das gelingt uns nur, dachten wir, wenn wir die Anlage niedlich machen. Wenn unsere Anlage dann tatsächlich ein Ausflugsziel für die ganze Familie wird und wir es damit schaffen, die Frauen zu begeistern, dann können wir die Besucherzahlen verdoppeln. Die beiden anderen Anlagen in Deutschland hatten so zwischen 80 und 90 Besucher am Tag. Wir kalkulierten mit 300 Besuchern. Das wären dann 100 000 im Jahr. Heute haben sich die Zahlen mehr als verzehnfacht, aber wenn wir damit geplant hätten, hätte uns wirklich jeder für größenwahnsinnig gehalten. Andersherum hält uns heute jeder für idiotisch, der hört, dass wir mit 10 bis maximal 20 Mitarbeitern geplant hatten. Es sind heute über 300. In diesem Fall haben sich die Irrtümer sehr glücklich gegenseitig kompensiert.

Es war entschieden. Mit dieser Umfrage war es klar, dass wir uns nicht mehr von unserem Plan abbringen lassen würden. Aber wer uns kannte, der wusste, was jetzt kam: Es musste schnell gehen. Wir sind so unfassbar ungeduldige Menschen. Jetzt gab es so viele Dinge zu checken und voranzubringen. Und vor allem brauchten wir Geld, aber das lag auf der Bank. Und bevor die Geld rausrückte, wollte sie einen Businessplan sehen. Die Umfrage hatten wir im August gemacht. Im September trauten wir uns, den Telefonhörer in die Hand zu nehmen.

Wir riefen unseren Geschäftskundenbetreuer bei der Hamburger Sparkasse an. Der Mann von der Haspa kannte uns seit acht Jahren und wusste, dass wir in unserer ganzen Diskothekenzeit kein einziges Mal in den Dispo gerauscht waren. Eine Disco ohne Dispo ist ziemlich selten.

Wir sagten: »Wir brauchen zwei Millionen für eine Modelleisenbahn.«

Das schallende Gelächter unseres Kundenberaters Thomas Neuendorf konnte man bis Timbuktu hören. Er hielt das für einen Scherz. Er dachte, wir wollten wohl nun getreu unseres Kindheitstraums ein Doppelhaus bauen und im Keller eine Anlage installieren.

Als er verstand, was wir wirklich vorhatten, lachte er nicht mehr. Aber er hörte weiter zu, und am Ende sagte er: »Okay, macht mal einen Businessplan.«

Eine Woche später hatten wir einen Termin.

Einen Businessplan hatten wir nicht.

Wir wussten gar nicht, wie man so etwas schreibt.

Wir hatten bei Altavista – also lange vor Google-Zeiten – die Tourismuszahlen für Hamburg rausgesucht und dann kalkuliert, was diese Statistik in Verbindung mit der zweiten Seite des Papiers, unserer Umfrage, für uns bedeuten könnte.

Und dann hatten wir noch ein paar Worte zu den Mitarbeitern, die wir uns holen wollten.

Aber Herr Neuendorf von der Haspa erklärte uns das wirklich ganz großartig und hat uns erst mal erläutert: »Ein Businessplan ist sooo dick.« (Daumen und Zeigefinger zentimeterweit auseinander.)

»Davon nehme ich mir die wichtigen Seiten raus. Den Rest schmeiße ich weg.«

Hm. Bei uns gab es weder etwas zum Rausnehmen, noch etwas zum Wegwerfen.

Dann kam die große Überraschung, und wie so oft war das

Glück auf unserer Seite, denn Herr Neuendorf sagte einfach: »Jungs, erzählt mal.«

Wir haben dann anderthalb Stunden auf den armen Mann eingelabert, und am Ende sagte er das entscheidende Wort: »Geil.« Gut, vielleicht benutzte er mehr und auch etwas andere Worte, aber seine Aussage ging in diese Richtung.

Dann hat er sich selbst hingesetzt und für uns ein paar interne Stichworte geschrieben. Und mit diesem Papier ging er zu seinem Chef. Der prüfte den Plan – und lehnte ihn ab.

In diesem Moment muss man darauf hinweisen, dass Herr Neuendorf mit dem, was einst der Bayern-Torwart Olli Kahn »Eier« nannte, mehr als reichlich ausgestattet war. Man kann es schwerlich anders sagen. Er ließ sich von der Ablehnung nicht beirren, sondern überging seinen Chef und wandte sich, glaube ich, sogar direkt an seinen Vorstand.

Die Vorständler prüften das Papier noch einmal und gaben es an Neuendorfs Chef mit der Bemerkung zurück: »Das ist ganz interessant, prüfen Sie mal, ob wir das machen können.«

Worauf der Chef zu Herrn Neuendorf kam und sagte: »Ich habe da eine interessante Sache entdeckt. Gucken Sie doch mal, ob man da was machen kann.«

Gut, der tatsächliche Wortlaut war vermutlich nicht hundertprozentig so, aber es scheint irgendwie so gelaufen zu sein. Denn schon sehr schnell hatten wir unsere zwei Millionen mit drei bis zehn Jahren Laufzeit. Einen Teil wollten wir in drei Jahren tilgen, weil wir fest glaubten, dass es am Anfang einen Boom geben würde und dann nach einer Anfangseuphorie die Besucher sich auf einem hoffentlich guten Niveau einpendeln würden. Heute sind wir schuldenfrei. (Und Herr Neuendorf ist übrigens Filialleiter.)

Dass dieser Mann nicht einfach gesagt hat »Geht nach Hause und schlagt euch euren Spleen aus dem Kopf«, das gehört ebenfalls zu den Wundern unseres Lebens.

Man muss sagen, die Haspa ist da voll ins Risiko gegangen und hat letztlich unseren Traum ermöglicht. Was wir drei Geschäftsführer – Stephan war wie bei der Disco wieder mit von der Partie – an Reserven hatten, hätte niemals im Leben ausgereicht. Auch unser Vater hat sich für uns stark gemacht und die Verträge mit unterschrieben. Aber dazu mehr an späterer Stelle in diesem Buch.

Man muss auch sagen, dass die Zeit auf unserer Seite war und wir erneut großes Glück hatten. 2001 kamen die Kreditrichtlinien Basel II und damit wurden Banken die Hände gebunden, für individuellen Spielraum war da viel weniger Platz. Das haben wir später selbst zu spüren bekommen. Wir wollten damals noch ein Restaurant bauen und brauchten einen Anschlusskredit über 600 000 Euro. Aber da hat die Haspa gesagt: »Tut uns leid, da können wir nicht mehr so einfach helfen wie beim ersten Kredit.«

Hätten wir die Idee nur ein Jahr später gehabt, würde es das »Wunderland« heute nicht geben. Ein Beweis dafür, dass Regulierungen nicht immer nur Vorteile haben. Aber zurück zu unserem ersten Kredit, und zwar noch vor Abschluss des Vertrags bei der Haspa. Unser Vater, der sich in der Geschäftswelt ja viel sicherer bewegte als wir und auch zu den wenigen gehörte, die von Anfang an bedingungslos an uns glaubten, sagte: »Mit so einer Idee, da geht man doch nicht zur Haspa. Da geht man zur Deutschen Bank.« Unser Vater war seit Jahrzehnten Kunde bei der Deutschen Bank. Wir hielten dagegen: Wir hatten schon als Kinder unser Sparbuch bei der Haspa. Weil er uns aber etwas Gutes tun wollte, hatte er das Konzept hinter unserem Rücken bei der Deutschen Bank eingereicht – und flog dort mit Pauken und Trompeten durch. Wahnsinn, unser Anruf bei Herrn Neuendorf von der Haspa war wie der berühmte Satz »Ein Schuss – ein Treffer!«.

Das Geld hatten wir nun. Aber wo wollten wir unsere Anlage

aufbauen? Das war ein entscheidender Punkt. Weiß doch selbst der windigste Makler, dass bei einer Immobilie vor allem drei Dinge zählen: Lage, Lage, Lage.

Wir wollten natürlich dort sein, wo viele Touristen zu erwarten waren. Unser Favorit war der Fernsehturm an der Lagerstraße. Wir setzten alle Hebel in Bewegung. Uns wurde eine Lagerfläche in der Nähe angeboten. Was wir aber zu dem Zeitpunkt nicht wussten, war, dass ein paar Jahre darauf der Fernsehturm wegen Asbestbelastung und mangelnder Fluchtwege geschlossen werden würde.

Eine Alternative war der Fischmarkt an den Landungsbrücken. Das war ebenfalls eine bei Touristen beliebte Adresse, zudem würden wir hier gewissermaßen zu einem Teil unserer Wurzeln zurückkehren. Hier hatten wir mit unseren Zeitungsverkäufen begonnen, unsere Leidenschaft zu finanzieren. Aber auch das klappte nicht.

Die Speicherstadt hatten wir nicht auf dem Schirm. Sie lag damals noch im Dornröschenschlaf. Die HafenCity war vorerst nur ein Hirngespinst, dachten wir. Natürlich kannte jeder Hamburger die Speicherstadt. Und auch jeder Besucher, der mal im letzten Jahrhundert in Hamburg eine Hafenrundfahrt gemacht hatte, kannte sie. Und auf Hafenrundfahrten wurde Passagieren regelmäßig erklärt, was die Speicherstadt und der Zollhafen für die Hansestadt bedeuteten. Hier konnten die Kaufleute ihre Waren lagern und mussten erst dann Zoll bezahlen, wenn sie ihre Ware aus den Speichern in die Stadt transportierten. Sie konnten ihre Teppiche oder was auch immer unbegrenzt in der Speicherstadt lagern und sie, wenn ihnen danach war, auch wieder wegschleppen und woanders im zollfreien Ausland verkaufen. Der Freihafen war also für Hamburg ein großer Standortvorteil gewesen. Aber nun wurde das Areal von der Hafenwirtschaft nicht mehr gebraucht.

Auch für Leute, die einen Publikumsmagneten schaffen woll-

Ganz am Anfang haben wir überlegt, ob wir mit dem »Miniatur Wunderland« an die Landungsbrücken gehen. Das hat nicht geklappt. Dafür sind die Landungsbrücken zu uns gekommen.

ten, schien die Speicherstadt ungeeignet. Sie lag zwar sehr zentral, aber wenn unsere potenziellen Besucher vorm Betreten der Anlage erst eine Zollschranke passieren mussten, würden sie wohl alles andere als begeistert sein. Mal ganz abgesehen davon, dass auch ihre Gepäckstücke theoretisch einer Zollkontrolle unterzogen werden mussten.

Aber zum Glück war da noch Hinnerk, Vaters alter Schulkamerad und Skatbruder. Er wusste, dass die Zollfreiheit für die Speicherstadt 2002 aufgehoben werden sollte, weil die Hafen-City kommen sollte. Und dass die Stadt nun zwangsweise auf der Suche nach neuen Mietern war. Hinnerk gab uns dann den Tipp, in der Wirtschaftsbehörde nachzufragen. Dort gab man uns die Telefonnummer von Herrn Nelde, der für die Vermietung zuständig war. Erneut fassten wir allen Mut zusammen und riefen bei der HHLA, der Hamburger Hafen und Logistik AG an. Wir erklärten kurz und oberflächlich unser Anliegen und fanden uns keine zwei Stunden später im schönen Büro in einer kleinen Straße namens Holländischer Brook, mitten in der Speicherstadt ein. Dort erzählten wir von unserer Idee. Herr Nelde hörte ebenfalls überraschend interessiert zu. Das waren wir von den vielen negativen Aussagen aus unserem Bekanntenkreis nicht gewohnt.

»Was wollen Sie denn haben?«, fragte Herr Nelde.

Wir dachten an 1000 Quadratmeter. Da kamen wir uns schon sehr ambitioniert vor.

»Das kleinste Objekt, das ich dafür passend habe, hat 1600 Quadratmeter.«

Oh.

Das war weit mehr als wir erwartet hatten. Und als Mietpreis konnten wir weit weniger als die üblichen Tarife zahlen. Höchstens.

»Und was soll das kosten?«, fragten wir zaghaft, denn eine Fläche, anderthalb mal so groß wie geplant, hatte nach flüchtigem Nachdenken schon einen gewissen Reiz.

»Zwanzig Mark pro Quadratmeter. Tiefer kann ich leider nicht gehen.«

Mist. Ich werde dieses Gefühl nie wieder vergessen. Alles sackte in mir zusammen. Das Gespräch dauerte nicht mehr lange, und nicht gerade optimistisch verließen wir dieses wunderschöne Speichergebäude.

Uns wurden dann auch andere Objekte angeboten, wieder in der Lagerstraße. Räume mit Säulen, die eine gewisse Bahnhofsatmosphäre erahnen ließen. Das war sehr interessant, aber wir haben zum Glück gezögert. Ich weiß nicht mehr, was es war, aber irgendwas hat uns gestört. Heute residiert dort Tim Mälzer mit seinen Kochkünsten.

Aber wenn wir in diesem Buch das Wort Glück vielleicht ein

wenig überstrapazieren, so erahnen Sie vielleicht schon, was jetzt kommt ... Ich weiß nicht, ob man uns die Enttäuschung angesehen hat. Herr Nelde jedenfalls ist zum Vorstand der HHLA gegangen.

Vielleicht weil er wusste, dass das zuständige Vorstandsmitglied Dr. Behn ein großer Schiffs- und Modelleisenbahn-Fan war. (Oder er hat dieselbe Ausbildung wie Herr Neuendorf von der Haspa absolviert.) Vierundzwanzig Stunden später meldete sich Herr Nelde wieder bei uns.

»Ich habe den Auftrag, Sie glücklich zu machen«, sagte er nur. Na, so was hört wohl jeder gern.

Und das mit dem Glücklichmachen ist ihm hervorragend gelungen. Wir unterschrieben den Mietvertrag. Er lief ab dem 1. November 2000. Dr. Gerald Behn und Rainer Nelde von der HHLA waren erneut zwei der wenigen Menschen, die Feuer und Flamme für unser Projekt waren, und zufällig saßen sie in den entscheidenden Positionen, die über unsere Zukunft zu entscheiden hatten. Wir wissen nicht, ob sie intern Probleme bekamen, weil sie uns einen Mietvertrag anboten, aber sie haben damit das »Wunderland« möglich gemacht. Wer weiß, ob es sonst so erfolgreich geworden wäre.

In der Gegend waren wir erst noch ziemlich allein. Das »Dungeon« hatte kurz vorher aufgemacht, Joop van den Ende und sein Musical-Laden kam erst später. *Der König der Löwen* hatte zeitgleich mit uns eröffnet.

Als wir unser neues Zuhause im vierten Stock inspizierten, lernten wir zwei Dinge. Erstens: In einem Speicher sagt man nicht Stock, sondern »Boden«. Und zweitens: Bevor wir richtig loslegen können, gibt es noch jede Menge zu tun. Um ganz ehrlich zu sein: Das Gelände am Kehrwiederkai war zu diesem Zeitpunkt in einem fürchterlichen Zustand. Es wurden zwar für viel Geld moderne Fahrstühle, Treppenhäuser, Sprinkleranlagen und vieles mehr, was wichtig für eine Versammlungsstätte ist, bereits von der HHLA eingebaut, aber die Dielen waren löchrig, über die Böden verteilt lagen vereinzelte Kaffeebohnen, auch Kaffeesäcke. An den Wänden hingen noch alte Pin-up-Fotos der Lagerarbeiter. Die Stahlsäulen schienen zwar stabil zu sein, aber sie waren angerostet und eher schäbig. Und erst nachdem auch der letzte Dreck entfernt war, konnten wir anfangen, die Stahlsäulen abzuschleifen und neu zu lackieren, die Wände zu weißen und der ganzen Chose wenigstens einen ersten Anflug von Wohnlichkeit und Heimeligkeit zu geben. Der anfängliche Geruch war ebenfalls recht gewöhnungsbedürftig, aber zum Glück haben wir den ziemlich schnell rausgekriegt.

Wer sich ein genaueres Bild machen will, sollte mal auf unserer Webseite die Wochenberichte anklicken. Im ersten Bericht aus dem Jahr 2000 findet er Fotos, die das Beschriebene illustrieren.

Unser Speicher im Naturzustand. Nur mit ganz viel Phantasie kann man das »Miniatur Wunderland« schon erkennen.

Aber all das schreckte uns nicht. Ein Grund, weshalb wir als Mieter akzeptiert wurden, war ja, dass wir keine Scheu vor Handwerksarbeiten hatten und uns um die Renovierung selbst kümmern würden. Und heute müssen wir sagen: Für die Aura des »Miniatur Wunderlands« war es genau richtig, dass die Anfänge in einem solchen Milieu stattfanden und nicht auf irgendeiner geleckten, sanierten Fläche.

Da allerdings die Zollschranke noch existierte, waren die Umbauarbeiten etwas komplizierter als gewöhnlich. Bei all dem Material, das wir in die Freihandelszone brachten, mussten wir schriftlich versichern, dass wir es niemals weiterverkaufen würden. Das konnten wir reinen Herzens tun. Denn unser Geschäftsmodell sah ja anders aus.

Anfangs hatten wir übrigens vor, die Disco, das Label und das »Miniatur Wunderland« parallel laufen zu lassen. Aber selbst zu diesem Zeitpunkt im November 2000 war uns schon klar, dass – so oder so – eine neue Ära beginnen würde. Ich greife der Geschichte etwas vor, aber knapp ein Jahr später wollten und mussten wir diese Veränderung feiern. Wir brauchten einen Monat vor der Eröffnung dringend mehr Geld. Denn das, was da an monatlichen Kosten seit dem Baustart monatlich floss, war schon beeindruckend, und Einnahmen aus dem »Miniatur Wunderland« waren auch im Juli 2001 noch nicht verlässlich in Sicht. Wir wussten zwar, dass wir am 16. August 2001 eröffnen wollten, aber bis dahin waren noch Hunderttausende Mark zu bezahlen, und es war nicht gesichert, ob überhaupt viele Gäste kommen.

Also haben wir drei Open-Air-Partys am Strand neben dem »König der Löwen« geplant. »EFX at the Beach«. Es sollten unsere Abschiedspartys werden. Es wurde jede Menge geheult und geknutscht.

Gefühlt kamen mindestens zehntausend Gäste, tatsächlich waren es vielleicht sogar mehr. Zudem hatten wir drei Tage lang traumhaftes Wetter, was in Hamburg auch nicht selbstverständlich ist. Mit den Fähren der Hafengesellschaft hatten wir einen Shuttle-Service eingerichtet, jedes Schiff landete drei- bis vierhundert Party-People an. Am ersten Abend hatten wir zwei Kassen geplant – natürlich viel zu wenig, aber wir sind ja lernfähig, Party Nr. 2 und 3 waren dann schon viel besser organsiert. Die Stimmung war so gut wie auf keiner Party im Voilà zuvor. Und das will wirklich was heißen.

Als am Morgen nach der dritten und letzten Party die Sonne über der Elbe aufging, war uns klar, dass nun eine neue Ära beginnen würde. Bis jetzt war alles geradezu unheimlich glatt gelaufen. Als hätte das Schicksal, die Vorsehung, Gott oder wer auch immer Tetris gespielt, und wie durch Zauberhand waren alle Bausteine an der richtigen Stelle gelandet. Sollte es tatsächlich so weitergehen? Sie werden es erfahren. Aber jetzt ist erst mal Zeit für eine kurze Unterbrechung.

9.

Im Namen des Vaters

Familien gibt es viele, und das Wort hat in allen zu unter-schiedlichen Zeiten einen unterschiedlichen Klang. Doch in unserer Familie zählt am Ende nur eines: Als wir unseren Vater am dringendsten brauchten, war er für uns da. Er hat an uns geglaubt, als noch fast alle zweifelten, und er ist mit uns in den Ring gestiegen. Vielleicht wollte er auch einfach nur, dass seine Söhne aus dem Nachtleben wegkommen. Aber egal, was der Grund war, wie wichtig und wertvoll ein solches Enga-gement ist, kann man als Außenstehender schwer erahnen.

Uns ist bewusst, dass das Bild von einem Vater, der mit seinen erwachsenen Söhnen eine Modelleisenbahn aufbaut und dabei vieles nachholt und lindert, was in der Kindheit nicht so gut funktioniert hatte, durchaus etwas Rührendes hat. Das war es auch, aber dennoch war es keine Idylle. Hier trafen drei Leute aufeinander, die alle ihren eigenen Kopf hatten und auf ihre Erfahrungen und Erfolge pochten.

Und gar nicht unterschätzen kann man seinen Beitrag in Sachen Namensgebung. Die Bezeichnung »Miniatur Wunder-land« stammt von ihm. Mit dieser Benennung formulierte er eine der großen einfachen Wahrheiten. Das »Miniatur Wun-derland« ist viel mehr als eine Modelleisenbahn. Es ist eine Welt für sich. Aber nun möchten wir den alten Herrn selbst zu Wort kommen lassen.

F. & G. B.

Moin,

ich bin Jochen W. Braun, der Vater der beiden Jungen, deren Buch Sie seit geraumer Zeit in den Händen halten. Beim Lesen der vorherigen Kapitel wird Ihnen vielleicht aufgefallen sein, dass die Jungs schon relativ jung ein Faible für Listen, Tabellen und Datenerfassung entwickelten, und möglicherweise haben Sie sich da gefragt, woher die beiden diese Leidenschaft haben, die ja doch nicht so weit verbreitet ist. Ich vermute, das könnte eine der Eigenschaften sein, die ich ihnen vermacht habe.

Bevor ich das genauer erkläre, lassen Sie mich sagen, dass ich sehr, sehr stolz auf das bin, was die beiden geleistet haben. Das »Miniatur Wunderland« ist eine beeindruckende Welt, und einer meiner Sehnsuchtsorte darin ist der Flughafen Knuffingen. Das geht nicht nur mir so. Es gibt im Netz Videos, zehn Minuten lang und mehr, in denen Besucher den Alltag auf dem Flughafen gefilmt haben. Maschinen rollen über das Vorfeld zur Startbahn, verharren dort, Turbinen heulen auf. Man kann sich richtig vorstellen, wie die Flugbegleiter im Rumpf des Flugzeugs gerade ihre Sicherheitshinweise beendet haben und sich nun auf ihren Klappsitzen festschnallen, denn gleich wird die Maschine abheben. Dann wird der Ton der Turbinen schriller, der stählerne Vogel ruckt kurz, setzt sich dann in Bewegung. Für einen Moment vielleicht schwerfällig, doch dann nimmt er beinahe unheimlich schnell an Fahrt auf, die Nase hebt sich in den Himmel, das Bugfahrwerk schwebt in der Luft. Dann verlassen die Hauptfahrwerke die Piste, und nur Augenblicke später ist das Flugzeug im Himmel verschwunden. Und das ist auch gut so, denn nur Sekunden später setzt eine neue Maschine zur Landung an.

Dieser Ablauf ist optisch und akustisch so realistisch gestaltet, dass bei den Kommentaren unter den Videos im Netz (ja, es gibt auch YouTube-Kommentare, bei denen sich das Lesen lohnt) immer wieder Zuschauer begeistert gestehen, sie hätten minutenlang geglaubt, dieser Clip würde den Alltag auf einem echten Flughafen zeigen. Darüber hinaus schreiben viele, dass sie jede Minute des Alltags auf dem Airport Knuffingen genossen haben.

Das kann ich sehr gut nachempfinden. Allerdings war das nicht immer so. Es gab Zeiten in meinem Leben, da litt ich unter entsetzlicher Flugangst. Der Gedanke daran, in diese U-Boot-artige Röhre klettern zu müssen, mich auf meinen Sitz zu zwängen, anzuschnallen und dann mein Schicksal in die Hände von Menschen zu geben, über die ich nichts weiß, mich einer Technik anzuvertrauen, von der ich keine Ahnung habe, in welchem Zustand sie ist – das trieb mir den Angstschweiß auf die Stirn.

Wer völlig frei von Flugangst ist, mag über diese Befürchtungen lächeln – wobei ich bezweifle, dass es sehr viele Menschen gibt, die tatsächlich völlig frei davon sind. Aber das war nicht mein Problem. Solange ich arbeitete, war ich für eine amerikanische Computerfirma tätig, und mein Job verlangte es einfach: Ich musste fliegen. Ob ich wollte oder nicht. Doch wie sollte ich mein Handicap bekämpfen?

Mancher versucht es mit psychologischen Seminaren, Kursen gegen die Flugangst und so etwas, aber das passte nicht zu mir. Andere treiben den Teufel mit dem Beelzebub aus. Diese Leute ziehen sich Katastrophenfilme rein, lesen Thriller über Flugzeugabstürze, so lange bis ihnen ihre eigenen Paniken im Vergleich zu dem Gesehenen und Gelesenen geradezu lächerlich erscheinen. Ich bin sicher, auch das hätte bei mir nicht funktioniert.

In der Computerindustrie werden ganze Imperien aus Zahlenkombinationen aufgebaut, die im Grunde auf langen Reihen aus Nullen und Einsen basieren. Das Erfassen von Zahlen schien mir der richtige Weg zu sein. Ich begann, Daten über Flugzeugabstürze zu sammeln. Was ich fand, erfasste ich in Datenbanken. Mit den Daten kamen Geschichten und Schicksale. Ich schrieb auf, was mir dazu einfiel. Später – viel später – wurde daraus ein Buch. Es führt im Titel die Zeile »... und alle haben überlebt«.

Darin beschreibe ich fünfundzwanzig Abstürze, bei denen keinerlei Todesopfer zu beklagen waren. Das Buch fand einen Verlag, weitere Titel folgten. Und wenn sich nun bei meinen Söhnen herausgestellt haben sollte, dass sie ihre Neigung, Ängste und existenzielle Bedrohungen durch einen systematischen Ansatz zu bekämpfen, von mir haben, dann ist das eine Verantwortung, die ich gern übernehme. Wobei es selbst bei Ähnlichkeiten immer noch genügend Unterschiede gibt.

Ich weiß, dass Frederik mich für einen absoluten Ordnungsfetischisten hält. Und er weiß, dass er in meinen Augen ein totaler Chaot ist. Ein liebenswerter Chaot mit manchmal genialen Ideen, dennoch ein … nun ja, Chaot. Wir können damit umgehen, solange wir die Grenzen des anderen akzeptieren und wissen, wann wir uns zurückziehen müssen. Sonst gibt es Streit. Heftigen Streit.

Das Verhältnis zu meinen Kindern war nicht immer einfach. Auch das dürfte für Sie nach dem Lesen der ersten Kapitel keine Neuigkeit mehr sein. Was Kinder jedoch nicht mal ahnen können, ist, wie sehr auch die Eltern unter einem zerrütteten Verhältnis leiden. Als Gerrit, ich glaube, er war fünf Jahre alt, einmal eine Treppe hinuntergefallen war und eine Weile das Bett hüten musste, nutzte ich die Gelegenheit. Ich besuchte ihn, brachte ihm einen Teddy ans Krankenbett und hatte danach wenigstens ein bisschen Hoffnung, dass wir irgendwann ein gutes Vater-Sohn-Verhältnis würden haben können.

Als sie sechs waren, hatten die Zwillinge mich einmal in Stuttgart besucht. Sie kamen per Flieger (Flugangst ist ihnen zum Glück völlig fremd), zwei Jahre später noch einmal. Als sie zwölf waren, zog ich wieder nach Hamburg zurück, und von nun an wurde unser Verhältnis immer besser. Besonders freut mich, dass meine Frau Inga von den Kindern der Zwillinge als offizielle Oma akzeptiert wird.

Frederik erzählt in Interviews gern, mit dem »Miniatur Wunderland« habe alles in Zürich angefangen. Das mag für ihn stimmen, aber für mich nicht. Für mich begann alles am 10. September 2000 in einem winzigen Dörfchen in Italien.

Der Ort heißt Colle de Compito, und die Einwohner dort ahnen bis heute nicht, wie sehr sie Anteil an der Entstehung des »Miniatur Wunderlands« haben. Aber der Reihe nach.

Inga, die wie erwähnt überhaupt nicht böse Stiefmutter der Zwillinge und ich sind seit Jahren Toskanafreunde.

Colle de Compito ist Toskana pur. Das jedes Jahr im Herbst gemietete Häuschen ist ein Juwel auf einem hügeligen Grundstück mit einem kleinen Bach mittendrin. Sobald wir draußen waren – und das ist man in Italien wegen des guten Wetters normalerweise immer –, genossen wir das spätsommerlich warme Land, das wir Deutschen kennen und lieben. Besonders die wunderschönen Äskulapnattern, die ich als Schlangenfan verehre, weil sie sich widerspruchslos in die Hand nehmen lassen. (Es soll Leute geben, die eine panische Angst vor Schlangen haben. Tut mir leid, das kann *ich* überhaupt nicht verstehen.)

Drinnen im Häuschen allerdings war das ganz anders. Es wirkte alles andere als italienisch, eher deutsch, denn die Technik funktionierte stets, alle Schalter gaben dieses satte *Klack* von sich, die Leitungen waren isoliert, das Wasser floss immer dann, wenn man es brauchte, und natürlich war auch das im Mietpreis inbegriffene Telefon in Ordnung, da wir in einer Gegend ohne Netz für den Notfall gerüstet sein wollten.

Den alten Telefonapparat mit Wählscheibe sollte man eigentlich in einer besonderen Ausstellung im »Miniatur Wunderland« zeigen, denn es begann alles mit dem Klingeln ebendieses bis dahin unscheinbaren Telefons. Es hatte in all den Jahren zuvor nur ruhig auf einer alten Kommode gestanden, und wir dachten deshalb, da wäre jemand falsch verbunden. Wir stellten uns auf einen italienischen Wortschwall ein.

Stattdessen meldete sich Frederik, und ich hatte sofort Katastrophenstimmung, denn die Familie hatte uns noch nie im Urlaub angerufen, warum auch? Frederik kam sofort zur Sache und meinte beruhigend: »Nun haben wir eine Idee, was wir nach unseren Jahren mit der Diskothek Voilà tun werden. Wir bauen die größte Modelleisenbahnanlage der Welt.«

Nun, es gibt schlimmere Nachrichten, und wenn Frederik eine seiner großen Ideen entwickelt, dann geschieht das stets mit Überzeugungskraft und Vorfreude. Das steckte an, ich freute mich gerade für die Zwillinge, als Frederik diese väterliche Freude mit dem nächsten Satz zunichte machte: »Ach ja, und du machst auch mit.« Meine Anmerkung, ich sei mit meinem Vorruhestand, dem Vorlesen von Märchen in Kindergärten, dem versuchsweise aufgenommenen Jurastudium und der Vorbereitung zum Schreiben von Büchern voll zufrieden und ausgelastet, wurde überhört. Ich beendete das historische Telefongespräch hinhaltend, und nachdem wir die Neuigkeit bei einer guten Pizza diskutiert hatten, gingen Inga und ich am späten Abend zu Bett.

Mein letzter Gedanke vor dem Einschlafen war dann doch versöhnlicher. Wo gibt es das, dass die Söhne den Vater in ihre Firma hineinnehmen möchten? Ist es sonst nicht immer umgekehrt? Ich schlief mit der Vorstellung ein, es vielleicht doch einmal versuchen zu wollen.

Am nächsten Morgen wusste ich, wie das Ding heißen sollte. Ich habe in meiner Erinnerung gekramt, aber ich weiß nicht mehr, wieso der Name beim Aufwachen bereits durch meinen Kopf geisterte. Hatte ich einfach nur besonders gut geträumt? Ich rief Frederik an und sagte: Ich mache mit, und ich habe auch einen Namen für die größte Modelleisenbahn der Welt: »Miniatur-Wunderland«. Damals noch mit Bindestrich, aber den rationalisierte Frederik kurz darauf weg. Wir haben damals lange darüber diskutiert. Der Bindestrich ist orthographisch korrekt, wir wollen doch bei den Leuten nicht den Eindruck erwecken, wir wüssten nicht mal, wie man unseren Namen schreibt? Auch

Gerrit war meiner Meinung. Ein Bindestrich würde die beiden Worte, die unser Projekt so gut beschrieben, unzertrennlich miteinander verbinden. »Miniatur« und »Wunderland«. Und war nicht auch diese feste Verbindung trotz aller Widrigkeiten gewissermaßen eine der prägenden Konstanten unseres Lebens? Frederik bestritt das alles nicht. Aber er wollte, dass die Leute schon beim ersten Blick auf das Wort sehen, dass es sich beim »Miniatur Wunderland« um etwas Besonderes handelte. Um eine Welt, die nach ihren eigenen Regeln funktioniert. Und das könnte man – unter anderem – schon signalisieren, indem man den Bindestrich weglässt.

Wir debattierten weiter. Frederik schmeichelte mir. Der Name »Miniatur Wunderland« sei sowas von genial, er wisse wirklich nicht, ob er selbst auf so einen Einfall gekommen wäre. Aber das mit dem Bindestrich-Weglassen sei eben seine Idee. Ohne diese sei auch der genialste Einfall nichts wert. Nun, lange Rede, kurzer Sinn: Am Ende setzte Frederik sich durch. Und der Rest ist, wie man so schön sagt, Geschichte.

Ich danke Ihnen für Ihre Aufmerksamkeit. Aber nun wieder zurück zu den Zwillingen.

Ihr
Jochen W. Braun

10. FREDERIK:

Der Mann *aus* den Bergen

Wenn man ein Projekt wie das »Miniatur Wunderland« an-
schiebt, muss man beinahe stündlich unzählige Entscheidungen
treffen. Dabei hofft man natürlich, dass die meisten richtig sind,
und bei vielen merkt man das erst nach einer ganzen Weile.
Einige Entscheidungen aber ließen sich recht einfach fällen. Zum
Beispiel: Welche Spurweite sollten wir für unsere Anlage nehmen?

H0. Da gab es gar keine andere Antwort. Diese Spur wurde
1935 von der Firma Trix auf der Leipziger Messe vorgestellt. Anlass war ein Jubiläum: Hundert Jahre Eisenbahn in Deutschland.
Die Spurweite setzte sich schnell durch. H0 hat in Deutschland
90 Prozent Marktanteil, auch weltweit gesehen ist H0 Markt-
führer. Außerdem gibt es im Maßstab 1:87 auch jede Menge
Häuser und Autos. Dazu sind die berühmten Preiser-Figuren
auch auf diesen Maßstab ausgelegt. Das war wichtig, weil wir
am Anfang nicht geplant hatten, so viel selbst zu bauen, wie es
heute der Fall ist

Frederik und Gerrit Braun hatten die Reise in ihre neue Welt
mal wieder genauso blauäugig geplant wie ein gewisser Chris-
toph Columbus. Wir fahren einfach los, und nach ein paar
Wochen sehen wir auf der anderen Seite Indien. Na ja. Einen
Indien-Abschnitt haben wir übrigens bis heute nicht, einen Amerika-Abschnitt hingegen sehr wohl.

Wir dachten anfangs, wir bauen ein paar Faller-Häuschen zusammen, und nur wenn es etwas ganz Besonderes sein soll, legen
wir selbst Hand an. So hatte ich vor der Eröffnung eine Achter-

bahn und eine Wildwasserbahn gebaut, aber das war eigentlich nur eine Spielerei.

Aber wir waren nicht so naiv, dass wir dachten, wir könnten das Design für so eine Anlage mal schnell selbst aus dem Ärmel schütteln. Wir brauchten jemand, der die Fäden in der Hand hält. Ein Creative Director, Mastermind – der Titel war egal. Es musste nur jemand vom Fach sein.

Wir glaubten, dass es so einen Menschen gab, wie wir ihn suchten. Er hieß Gerhard Dauscher, saß irgendwo in der Oberpfalz, baute für Leute, die es sich leisten konnten, Privatanlagen.

Ich rief Gerhard Dauscher an. Anrufe, die das Leben meiner Mitmenschen verändern sollten, waren ja mittlerweile meine Spezialität. Ich hatte mich informiert. Gerhard Dauscher war nur ein Jahr älter als wir. Das war schon mal ein gutes Zeichen. Denn die meisten anderen Koryphäen in der Modellbaubranche waren im besten Pensionsalter. Auf den Fotos, die ich von ihm gesehen hatte, wirkte er nett, aber so verdammt ausgeglichen, dass ich schon ein bisschen Angst hatte, er könnte unnahbar sein.

Ich habe ihn dann in seinem gefühlt Sechs-Seelen-Dorf hinter den sieben Bergen besucht. Da hatte er hinter einem Kuhstall seine Werkstatt. Die erste Begegnung war schon merkwürdig.

Allein die Anreise war eine Tortur. Bis Nürnberg kam man noch einigermaßen fix, aber dann musste man umsteigen und umsteigen und warten und warten. An die Wirkstätte des Meisters kam man nur per Bus, und der fuhr, glaube ich, dreimal am Tag.

Gerhard Dauschers Arbeitsort ist in so ziemlich allem der totale Gegenentwurf zu Hamburg. Höchstens drei Dutzend Häuser, nicht mehr als hundert Einwohner. Immerhin gibt es einen gusseisernen Wegweiser, der wie ein Maibaum blau-weiß umringelt ist. Auf dem steht, wohin es nach Nürnberg geht.

Über dem ganzen Ort lag eine dermaßen friedvolle Stille, nur durch Grillenzirpen und vereinzeltes Muhen unterbrochen. Ich bin versucht zu sagen, dass es in dem Dorf mehr Kühe als Menschen gab. Aber das könnte zu Missverständnissen führen. Deshalb lasse ich es lieber.

Ich war der Einzige, der an der Haltestelle aus dem Bus stieg. Die Türen schlossen sich hydraulisch, der Bus fuhr davon und ließ mich allein zurück. Keine Menschenseele zu sehen. Ich griff meinen Koffer und machte mich auf den Weg. Was würde mich hier erwarten?

Ich weiß nicht, wie viele Literaturfreunde es unter den Leuten gibt, die sich für das »Miniatur Wunderland« interessieren, aber ein bisschen erinnerte die Reise an die Fahrt Hans Castorps von Hamburg ins schweizerische Davos. Der Held von Thomas Manns *Zauberberg* landet ja auch in einer völlig fremden Welt hoch in den Bergen. (Anmerkung Gerrit: Aha, mein werter Bruder liest jetzt Thomas Mann. Das war mir so auch nicht klar. Das wird ja immer literarischer! Anmerkung Frederik: Wenn ich schon mal ein Buch schreibe, gucke ich mir eben an, was die Kollegen so treiben. Und du störst gerade an einer sehr spannenden Stelle. Übrigens: Wolltest du dich nicht auf das nächste Kapitel vorbereiten?)

Aber wo musste ich hin? Irgendwie passte die etwas merkwürdige Wegbeschreibung nicht. Ich irrte in einem winzigen Dorf umher. Peinlich, aber wahr. Nur logisch, dass es kein Handynetz gab. Aber 20 Meter entfernt ging plötzlich eine Tür auf, und einer der wichtigsten Menschen in meinem Leben begrüßte mich. Ein unfassbarer Glücksmoment, das sollte sich in den Jahren später immer deutlicher herausstellen. Der Dauscher Gerd verstand erst gar nicht, was ich von ihm wollte. Er wusste auch nicht so richtig, was er von mir halten sollte. Ein Stadtmensch, der plötzlich eine Riesenmodellbahnanlage bauen wollte. Und dann noch einer, der zur selben Zeit eine Diskothek betrieb? Solche Typen kann man doch nicht ernst nehmen.

Aber ich habe dann einfach immer weitergeredet und geschwärmt, geschwärmt und geredet, und irgendwann muss er dann gemerkt haben, dass ich es ernst meine und eine Modelleisenbahnanlage für mich nicht nur so ein Spleen ist, denn er sagte schließlich: »Das hört sich, ehrlich gesagt, großartig an.«

Da musste ich unwillkürlich lächeln, denn ich dachte, ich hätte ihn im Sack. Aber dann legte der Dauscher Gerd nach: »Ich bin ausgebucht.«

Er könnte frühestens in einem Jahr. Aber wir brauchten ihn jetzt! Ich wollte die Flinte aber noch nicht ins Korn werfen. Wir hatten uns zu diesem Zeitpunkt schon sehr gut verstanden, waren auf einer Wellenlänge. Und trotz seiner zurückhaltenden Art habe ich gespürt, dass ihn das Projekt schon reizte. Denn selbst wenn er für vermutlich reiche und vielleicht extravagante Leute maßgeschneiderte Anlagen gebaut hatte, so etwas wie das »Miniatur Wunderland« dürfte ihm noch nicht untergekommen sein.

Ich verabschiedete mich mit den Worten: »Tut mir leid, aber ich kann kein Nein als Antwort akzeptieren.« Wir wollten noch mal telefonieren. Das war mein Strohhalm, an dem ich mich festgehalten hatte.

Als wir danach noch mal telefonierten, habe ich fast gezittert vor Aufregung. Was sagt er? Ich fragte ihn, ob er gut geschlafen habe. »Wenig …«, war seine Antwort! »Deine Pläne haben mir keine Ruhe gelassen.« Es hieß noch nichts, aber ich merkte, wie der Strohhalm dicker und fester wurde. Bekomme ich gerade unseren absoluten Wunschkandidaten ins Boot? Er machte mir einen Vorschlag, der sich zunächst nicht wie Fisch und nicht wie Fleisch anhörte. Ich wollte aber bekanntlich beides und am besten sofort. Er wollte mitmachen, und wie man merkte, um jeden Preis. Das war schon mal eine Granate! Er hatte einen Plan, und der fühlte sich im ersten Moment an wie ein mittlerer Kompromiss. Mein Wunsch war, ihn hier oben zu haben. Bei uns. Auf der Anlage. Aber er wollte zu Hause bleiben. Die Pla-

Frederik (rechts) und Gerhard beim Bau der Schweiz.

nung von dort machen. Alle zwei Wochen wollte er dann mal hochkommen. Sein Freund könnte die meisten seiner Aufträge übernehmen oder helfen, und in der gewonnenen Zeit könne er sich um uns kümmern. Es hörte sich so an, als ob er unbedingt wollte, aber eigentlich nicht konnte. Da wir auch unbedingt wollten, war alles andere egal. Führe ich halt das erste Mal in meinem Leben eine Fernbeziehung. Und wie das so im Leben ist, wenn so eine Beziehung gut funktioniert, dann muss halt einer den Ort wechseln. Hmmm ... Wunderland nach Bayern? Nach einem Jahr ist er dann nach Hamburg gezogen.

Gerd, wie wir ihn fast alle nennen, ist der absolute Glücksgriff. Wenn man sich Modellbahnanlagen anguckt, gleichen sich die meisten. Vorne flach und hinten geht's hoch. Gerhard hat *den* ultimativen 3-D-Blick, das absolute Faible für Landschaften. Bis heute stammt jeder erste Entwurf von ihm. Und obwohl er inzwischen unbestritten der größte Anlagenbauer im Lande, ach, was sage ich, der DER WELT ist, so ist er dabei doch völlig normal geblieben. Selbst wenn er in seiner Heimat-Zeitung als das »Hirn hinter der riesigen Miniwelt« abgefeiert wird, wirft ihn das nicht aus der Bahn. Gerd ist sehr kreativ, aber kein Alphatier. Er kann auch andere Ideen gut einschätzen. Input nimmt er gerne auf, aber Gerd weiß auch, wann er stopp sagen muss. Denn wenn die Anlage überfrachtet wird, würde sie ihren Charme verlieren.

Wenn wir einen neuen Abschnitt andenken, läuft das ungefähr so: Wir beschließen, wir bauen uns eine Schweiz. Dann gibt es erst mal ein Brainstorming. Was ist typisch für die Schweiz? Was ist nicht so typisch, was ist schon abgenudelt oder provoziert nur gähnende Langeweile? Dann macht Gerhard Dauscher aus der Liste einen Plan.

Die Anfänge macht Gerd immer allein. So trägt jeder Abschnitt seine Handschrift. Beim Ausbrüten seiner Entwürfe geht es zu wie bei der Papstwahl. Nur dass er der einzige Kardinal in seinem Konklave ist. Gerd zieht sich zurück, niemand darf ihn stören, und schließlich kommt weißer Rauch. Dann wissen wir, der Magier hat wieder zugeschlagen.

Danach machen wir zu dritt oder auch mal zu viert eine Vorbesprechung. Und wenn alles okay ist, kommen die Techniker und die anderen Gewerke hinzu. Danach werden die Techniker kreativ.

Aber bevor es so weit kam, mussten wir erst mal Leute finden, die für uns als Modellbauer arbeiten konnten. Den Beruf als solchen gibt es ja nicht. Klassische Modellbauer, die vor allem für Architekturbüros arbeiten, waren für uns damals nicht brauchbar. Der Schwerpunkt bei unserem Bauen lag auf der Landschaft. Heute, wo wir beispielsweise auch einen Petersdom haben, sieht das anders aus.

Zum Glück gab es im *Hamburger Abendblatt* und in der *Bild* Vorabberichte. Da haben wir dann einfach gesagt: Wer mitbauen

Der Dauscher Gerd beim Mitarbeiter-Casting in der Disco. Und plötzlich sieht man: Voilà, so könnte es klappen.

möchte, soll sich unter dieser Telefonnummer melden. Das war die Nummer vom Voilà gewesen.

Wir hatten gehofft, dass sich zehn bis fünfzehn melden. Wir wurden überflutet. Es waren, glaube ich, fast 200 Menschen, die an so einem verrückten Projekt mitbauen wollten. Und das, obwohl da nichts von Geld stand. Von den Bewerbern haben wir dann 40 Leute zum Probebauen auf ein Wochenende in die Disco eingeladen. Die haben dann tagsüber Berge gebaut. Mitten auf der Tanzfläche, wo sonst die coolsten Hamburger Party-

People die Nacht zum Tage machten. Und dann kam Gerhard zu mir, und zwar mit dem angsteinflößenden Satz: »Freddy, du baust mit.«

No way!

Ich denke, dass ich ganz gut einschätzen kann, was ich kann. Und was nicht. Ich kann neidlos anerkennen, dass mein Bruder mich auf der technischen Seite lässig in die Tasche steckt, und Gerhard würde ich ohne Hemmungen den Titel »Michelangelo der Landschafts-Skulpteure« verleihen (falls es so einen Titel gibt), da stell ich mich doch nicht hin und mache mich vor all den Leuten zum Obst. Zum Deppen, zum Honk, zum Horst oder was auch immer.

Hier antreten und mit einer solchen Koryphäe die Kräfte messen? Das wäre so, als sollte man, obwohl man es noch nie getan hat, mit verbundenen Augen jonglieren. Und dabei auf einem Bein stehen. Auf dem Rücken eines Pferdes. Unter Wasser. Mit acht Bällen und zwölf Ringen.

Aber Gerd hat mir in zwei Minuten die Angst genommen, und zehn Minuten später war ich genauso bei der Sache wie die anderen. Der Begriff »Tunnelblick« ist hier ganz passend, denn ich baute ein kleines Diorama, einen Berg mit einem – ja, genau – Tunnel. Ich war beim Bauen richtig in einem Rausch, weil Gerhard alles so gut erklärt hatte. Leider habe ich das nicht aufgehoben. Sonst hätte man das heute vielleicht für einen guten Zweck versteigern können. Als die Arbeit eines der Väter des Wunderlandes, der weiß, wo sein Platz ist, sich aber auch nicht scheut, unbekanntes Terrain zu erforschen.

Irgendwie waren diese Castings so eine Art »Deutschland sucht den Super-Modellbauer«. Wir hätten uns das Format schützen lassen sollen. Bei diesem Modellbauer-Casting haben wir dann fünfzehn Leute ausgesucht. Es kam nicht nur darauf an, wie gut jemand war. Wichtig war auch, dass die Chemie stimmte. Ich glaube, damals haben wir zum ersten Mal den Begriff »Team-Kitter« verwendet. Im Team zu funktionieren war wichtiger als Perfektion. Die Bewerber kamen aus verschiedensten Berufen, viele waren arbeitslos. Es war wirklich beeindruckend zu erleben, dass jeder Mensch viele Begabungen hat. Und ebendiese konnten wir an diesem kleinen Modellbeispiel sehen. So kam es auch, dass ein ehemaliger Koch bei uns zu einem begnadeten Bergebauer wurde.

Wir hatten auch nie Angst davor, Leute einzustellen, die anderswo vielleicht als ein wenig gewöhnungsbedürftig empfunden wurden.

Gaston war Intarsienschreiner und eigentlich war die Aufgabe, die er bei uns zu erfüllen hatte, viel zu grob für seine Fähigkeiten, aber das Hauptproblem war, dass er in seinen Umgangsformen nicht bei jedem Arbeitgeber optimal angekommen ist. Auch bei uns gab es mal Streit. Einmal hatte mir Gaston sogar Schläge angedroht. Als Chef, der ich nun mal war, hätte ich ihn eigentlich umgehend rausschmeißen müssen, aber ich habe einfach zurückgebrüllt. Denn ich fühlte mich nicht als sein Chef, sondern er war – zumindest was das »Miniatur Wunderland« betraf – auch ein Bruder; auf jeden Fall gehörte er zum Team. Er war einer der vielen frühen Wunderländer, die nicht in die Schubladen unserer Gesellschaft passten und hier plötzlich ihren Platz gefunden haben. Wir mochten uns von Beginn an. Gaston sagte einem immer alles ins Gesicht, egal, ob man es hören will. Aber genau diese Ehrlichkeit macht ihn so besonders.

Gaston hat auf unserer Anlage schon früh die Brücken gebaut. Eines Abends rief er stark alkoholisiert aus einer Telefonzelle an (Gaston hatte kein Handy) und drohte, er würde all seine Brücken aus der Anlage reißen. Tagsüber hatte er einen Streit mit einem Kollegen, der ihm sagte, dass die Brücke Mist war, weil sie angeblich nicht passte. Das muss ihn so aufgeregt haben, dass er direkt in eine Kneipe zog und sich die Kante gegeben hat. Das hat uns schon Sorgen gemacht. Wir haben dann einen unserer

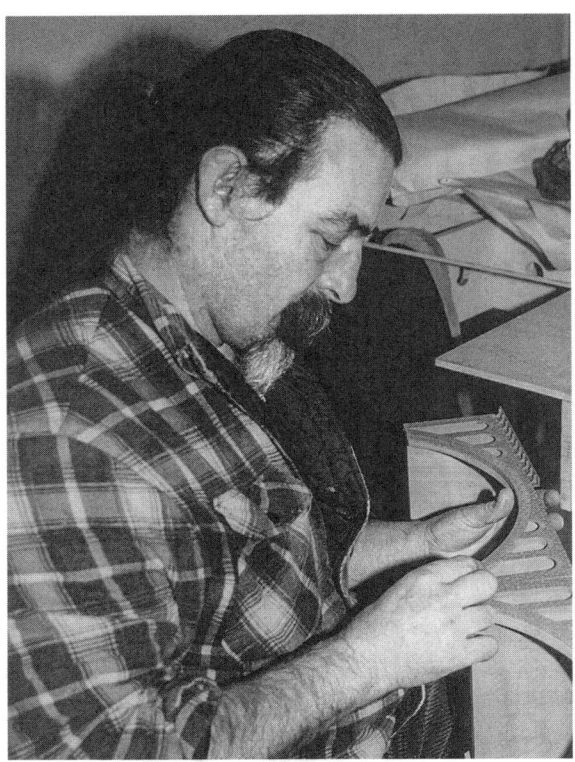

Wer zu Gaston will, muss über (mindestens) sieben Brücken
gehen. Aber am Ende hat sich alle Mühe gelohnt.

Türsteher aus der Disco als Wache am Eingang aufgestellt. Die
Nacht blieb aber ruhig.

Am nächsten Morgen kommt er pfeifend rein, wie an jedem
Morgen.

»Hast du was zu sagen?«, fragte ich nach einer Nacht fast ohne
Schlaf.

»Nö. Was gibt's denn?« Er gab das Unschuldslamm.

Wir setzten uns dann zusammen, und ich rekapitulierte, was
für einen Korken er da in den Sand gesetzt hatte. Gaston war
die Unschuld selbst.

»Was? Das soll ich gesagt haben? Nein! Niemals würde ich sowas tun!«

Er schwor Stein und Bein. Also haben wir uns die Hand gegeben, und dann war alles gut. Nur sagte ich damals: »Gaston, wenn ich eines Tages ein Buch schreibe, dann kommt diese Geschichte rein.«

Und wie du siehst, mein lieber Gaston, halte ich meine Versprechen. Deins ist übrigens, bei uns deine Rente einzureichen. Und das, wo du es doch früher bei kaum einem Arbeitgeber länger als ein Jahr ausgehalten hast. Oder waren es deine Arbeitgeber, die es nicht ausgehalten haben? Ich glaube aber zu erinnern, dass bislang immer du gekündigt hast. Vielleicht schreibst du ja demnächst mal dein Buch. Ich will eins mit Widmung! (Anmerkung Gerrit: Ich auch!)

Natürlich mussten wir uns auch von Leuten trennen, aber wir haben um jeden Wunderlandianer gekämpft. Es gab Leute, die konnten nicht lesen und schreiben, da haben wir uns drum gekümmert. Andere brauchten einen Führerschein. Wieder andere hatten psychische Probleme. Da ist es dann besonders bitter, wenn man alles versucht und am Ende doch scheitert. Manche sprechen sogar von der »Sozialstation Wunderland«. Aber darum ging es gar nicht. Wir hatten nur das Potenzial gesehen und um die Leute gekämpft. Trotz aller zwischenzeitlichen Enttäuschungen.

Heute haben wir über dreihundert Mitarbeiter, da geht das nicht mehr so einfach. Aber wenn wir es können, versuchen wir es.

Wir mussten auch bald neue Leute einstellen. Wir hatten keine Ahnung, wie viele noch folgen würden. Gerhard Dauscher hatte für einen seiner Klienten zwei Jahre an einer Anlage gesessen. Solche Zeiträume waren für uns undenkbar. Uns saßen schließlich die Kreditraten im Nacken. Wir wollten am 15. August 2001 eröffnen. Gerhard Dauscher sagte: »Ich brauche anderthalb Jahre.« Es sei unmöglich, in acht Monaten so eine Anlage auf die Beine zu stellen.

Nun bin ich kein sturer Bock. Ich kann diplomatisch und kompromissfähig und in seltenen Fällen auch mal geduldig sein. Also sagte ich lachend: »Gut, ich gebe dir einen Tag mehr. Wir eröffnen am 16. August.« Und den Termin haben wir dann gehalten.

In der Startphase hatten wir schließlich vierzig Leute. Da waren viele Ehrenamtliche dabei. Die waren nett, aber auf Dauer arbeitet es sich mit Bezahlten besser. Ehrenamtliche tun dir einen Gefallen. Das darf man nicht vergessen. Aber wenn A dauernd auf B warten muss, wird es schwierig. Und Freiwillige terminlich in die Pflicht zu nehmen erschien uns immer als unangebracht. Manchmal war es auch schier unmöglich. Aber andererseits stimmt auch: Ohne die Freiwilligen hätten wir es nicht geschafft. Zwei Millionen DM war ein Megakredit, aber niemals ausreichend für diese verrückte Idee. Das mussten wir schnell feststellen.

Bald beschäftigten wir drei Gewerke. Der räumliche Ausbau war einfach. Nicht an sich, aber für uns, denn den hat Dirk Rahe gemacht, der auch schon unsere Disco umgebaut hatte und ein Selbstgänger ist. Er hatte auch seine Jungs, insofern ging das glatt über die Bühne. Nach einem Monat konnten die Landschaftsbauer rein.

Im November 2000 fuhren wir nach Köln zur Modellbahnmesse. Wir hatten damals ja noch keinerlei Kontakte zu Herstellern. Alles, was wir hatten, war eine Liste mit zwanzig Namen und acht Terminen. Unser Forderungskatalog war überschaubar: Wir wollten faire Preise, das heißt, wie ein Laden beliefert und bepreist werden, und wir wollten, dass die Sachen direkt an uns gehen. Wir wollten nichts umsonst, und wir wussten vorher noch nicht, dass wir teilweise wie Bettler behandelt würden.

Um 5:30 Uhr früh fuhren wir in Hamburg los, waren um

9:00 Uhr in Köln. In der fünften Jahreszeit fahren ja viele Leute an den Rhein, aber wir gehörten bestimmt zu den lustigsten. Als wir die gesamten Exponate auf der Messe gesehen hatten, freuten wir uns wieder wie die kleinen Kinder. Wir hatten 15 Gespräche mit Herstellern geplant. Vor Märklin hatte man uns gewarnt. Die wären total arrogant, bei denen würden wir sofort abblitzen. Das war dann aber das beste Gespräch. Die Hälfte der Gespräche liefen planmäßig bis gut.

Aber die andere Hälfte lief zwischen durchwachsen und desaströs. Es gab Hersteller, die uns schlicht nicht ernst genommen haben. Oder erst mal sagten: Bevor wir weiterreden, überweisen Sie uns erst mal 20000 DM als Garantiesumme. Manche haben uns ausgelacht oder schlicht nicht mehr zugehört. Es gab welche, die wohl dachten, wir wären frühsenile Zwillinge, die wieder in die Kindheit zurückgefallen waren und nun einfach rumspannen. Die Rückfahrt nach Hamburg war von Katastrophenstimmung geprägt. Kann es wirklich sein, dass die halbe Branche so selbstgefällig ist, dass sie eine solche Idee nicht als Chance für die bereits damals kränkelnde Branche sehen kann? Es dauerte aber nicht lange – ich denke mal, auf Höhe Bremen, und wenn das ein HSV-Fan sagt, dann hat es was zu bedeuten –, da wurde die Stimmung wieder besser. Wir haben uns schlicht an die anderen 50 Prozent der Gespräche erinnert.

Die Firma Faller galt zum Beispiel auch als eine etwas schwerer zu knackende Nuss. Wir hatten eine Wunschliste, deren Wert sich auf insgesamt 50000 DM belief. Und als Lieferadresse war wie immer unsere Diskothek angegeben, weil in der Speicherstadt noch zu viel Chaos herrschte. Wir hätten es niemandem übel genommen, wenn er da misstrauisch geworden wäre. Aber Herr Lang von der Firma Faller hat nur gesagt: »Ich kann Ihnen Ware im Wert von 38000 DM sofort liefern. Den Rest später.«

»Auf Rechnung?«, fragte ich verwundert.

»Auf Rechnung«, sagte Herr Lang.

Die Ware kam, stapelte sich in der Diskothek, und wir haben prompt bezahlt. Gab ja schließlich Skonto. Das waren Vertrauensbeweise aus der Branche, die einem in einer solchen Situation sehr gut tun. Denn man braucht ja gar nicht drum herumzureden: Natürlich hatten wir schlaflose Nächte. Befürchtungen, ob wir da nicht ein Monster züchten, das uns am Ende alle verschlingen wird.

Da ist es gut, wenn man eine Hundert-Stunden-Woche hat und nur Zeit für fünf Stunden Schlaf. Denn da fordert die Natur ihr Recht und macht den endlosen Grübeleien ein Ende. Und letztlich muss man in so einer Situation Optimist sein. Denn natürlich kann so ein Projekt schiefgehen, aber wenn man schon vorher alles zergrübelt und zerdenkt, dann geht es definitiv schief, und was hat man dann gewonnen?

Im Januar 2001 haben wir unseren ersten Vollzeit-Techniker (Joachim) eingestellt. Diesen Bereich mussten wir schnell ausbauen, denn Gerhard Dauscher war kein Techniker. Also sind wir noch mal alte Listen durchgegangen und haben weiter Leute eingestellt. Das hieß natürlich mehr Kosten, mehr Ausgaben. Auf der Einnahmenseite stand weiter eine einsame Null. Neben Hohn und Spott, die haben wir weiterhin regelmäßig erhalten.

Für die Wartung und die Abwechslung mussten »Schattenbahnhöfe« unter der Anlage gebaut werden. Als Faustregel kann man sagen: Überall dort, wo sich ein Berg erhebt, gibt es eine technische Untergrundwelt.

Die Technik, die wir verwenden, muss sehr, sehr robust sein. Alles im »Miniatur Wunderland« muss 365 Tage im Jahr, zwölf Stunden pro Tag, funktionieren. Dazu der ganz Staub, den die Besucher täglich aufwirbeln, also die kleinen Partikel, die durch die Luft schweben, wenn sich solche Menschenmassen durch das Gebäude bewegen, und die sich dann auch irgendwo niederlassen. Generell ist der Staub der Hauptfeind von allem, was sich bewegt und dreht. Alle zwei Monate müssen die Züge zur

Inspektion. Das war zumindest unser Plan. Heute sieht es anders aus. Wir machen wenig Wartung bei den Zügen, sie kommen in der Regel erst dann in die Werkstatt, wenn etwas kaputt ist.

Bei den Modellmotoren wird viel aus der Zahntechnik verwendet, auch Elemente, die Internisten für interne Untersuchungen (Darmspiegelungen etc.) benutzen. Da möchte man sich nicht immer so genau vorstellen, wo die kleinen Geräte, Motoren und Wellen sonst zum Einsatz kommen würden.

Trotz allem Stress reagierte Gerrit auf meine immer wieder nervenden kleinen und großen Ideen meist auf dieselbe Manier. Er knurrte: »Hab jetzt keine Zeit«, und ging weiter, während ich ihm mit irgendeinem Vorschlag in den Ohren lag, was man noch so machen könnte. Am nächsten Tag aber konnte es passieren, dass er mich ganz unvermittelt darauf ansprach und mir erzählte, was er sich dazu ausgedacht hatte. Und solange es mir gelang, ihn mit einer Idee zu infizieren, nahm ich seine anfängliche Knurrigkeit gerne in Kauf. Das ist tatsächlich auch heute noch nicht anders. (Anmerkung Gerrit: Ich glaube nicht, dass das irgendjemand so genau wissen wollte.)

Auch Gerrit hatte sich seinen neuen Job leichter vorgestellt. Wir dachten: Die Modelle gibt es ja schon, und wir machen das alles nur viel größer. Und die Software für den Tag-Nacht-Wechsel, die Ampeln und die Häuserbeleuchtung wollte Gerrit neben der Disco schreiben. Das war natürlich illusorisch. Hier war wieder der einsam vor sich hin pfriemelnde Autodidakt gefragt. Denn bald zeigte sich, dass es sinnlos war, weiter nach Experten zu suchen. Das »Miniatur Wunderland« war Neuland.

Aber Sven, der Lichttechniker aus dem Voilà, hatte einen Kumpel. Stephano hat dann eine Platine für die Lichtsteuerung entworfen und kam mit dieser ungewollten »Bewerbung« natürlich schnell ins Team.

Die beiden kümmerten sich um die Technik, Gerrit konzentrierte sich auf die Software. Da ging es mittlerweile nicht nur um die Lichtsteuerung für den Tag-Nacht-Wechsel. Auf der Anlage gab es bald 20 000 Lampen. Und wenn diese Lampen zum Beispiel Neonleuchten repräsentierten, dann sollten sie beim Einschalten auch flackern wie richtige Neonröhren. Oder Menschen machen um drei Uhr nachts für wenige Minuten Licht an, weil sie aufs Klo müssen. Das alles musste in unseren Modellstädten programmiert werden und brachte schnell 20 000 Zeichen Programmier-Code zusammen. Die Autos auf der Anlage sollten sich nach Gerrits Wunsch wie von Geisterhand bewegen. Dafür sorgten Drähte, die unter den Straßen verlegt worden waren. Aber damit die Drähte und Autos wissen, was sie tun sollen, brauchte es eine neue angepasste Software. Wieder etwa 40 000 Zeichen Code. Eigentlich wundert es mich, dass Gerrit immer noch so ein großes Vokabular hat, wo er doch die letzten Jahre Tag und Nacht quasi ein Telefonbuch geschrieben hat. So kommt mir das Zahlengewirr seiner mittlerweile über eine halbe Million Zeilen langen Softwareprogramme vor, die das »Wunderland« so lebendig machen. Und die Anzahl der Zeichen des »Wunderland«-Programmiercodes ist mittlerweile tatsächlich größer als in den über 2000 Seiten starken Telefonbüchern der 1,7-Millionen-Einwohner-Stadt Hamburg. Aber nun zurück zur Entstehung der Anlage. Zwar gab es Entwicklungen, auf die man zurückgreifen konnte, umfassend modifiziert erfüllten sie durchaus ihren Zweck, aber die Digitalisierung stand damals in der Modellbahnwelt noch ganz am Anfang.

Der erste Abschnitt der Anlage hatte eine Fläche von dreihundert Quadratmetern. Von Anfang an wollten wir auf der Anlage eine typische mitteldeutsche Stadt haben. Diese Kleinstadt sollte auch das Herz des neuen Car Systems werden. Gerrit arbeitete monatelang 100 Stunden die Woche, und da seine zu dieser Zeit noch »nur« Freundin Micky statt rumzunörgeln lieber selbst anfing mitzubauen – immerhin sah sie Gerrit dann ja auch mal wieder –, gab es einen sehr schönen Moment, als es um den Ortsnamen dieser Kleinstadt ging. Uns schwebte irgendetwas mit -ingen vor, und da Micky den Spitznamen »Knuff« hatte, schlug Gerrit den Namen »Knuffingen« vor. Die Freunde des »Miniatur Wunderlands« fanden die Namenswahl sehr gut und haben »Knuff« später im Netz dann auch zur Bürgermeisterin von Knuffingen gewählt. Ein weiterer Vorteil von Knuffingen ist, dass es diesen Namen nirgendwo anders gibt. Was aber manche Presseberichte nicht daran hindert, ihn zu »Kniffingen« oder Ähnlichem zu verballhornen.

Auch die Wunderländer können bei Wortschöpfungen sehr kreativ sein. Als wir später den Flughafen von Knuffingen entworfen hatten, legte Gerrit einen besonderen Ehrgeiz an den Tag. Dass durch die Start- und Landetechnik der Flugzeuge Schlitze in der Startbahn entstanden, ließ sich nicht vermeiden, obwohl ein solcher schwarz gähnender Schlitz natürlich die Illusion von einem frei beweglichen Flugzeug zerstörte. Die meisten Leute würden sich nicht daran stören, aber Gerrit sagte: »Wenn ich es sehe, stört es mich. Und das zählt.«

Also entwickelte er einen Mechanismus, der dafür sorgte, dass sich vor und hinter der Führung für das Flugzeug die Startbahn wieder schloss. Die Arbeiten daran dauerten ein Jahr, aber am Ende funktionierte alles wie gewünscht. Es gab nur ein Problem: Niemand wusste, wie das neu geschaffene Teil heißen sollte. Schließlich bürgerte sich dafür der Name »Schlitzschließer« ein. Es gab zeitweise sogar die Überlegungen, das Wort bei Hugo Egon Balders TV-Quizshow *Genial daneben* einzureichen. Dieser Vorschlag ging aber irgendwann unter und wurde nie realisiert. Da aber Schlitzschließer auch von einem weiteren Teil wieder geöffnet wurden, um der Metallführung für das Flugzeug Raum zu schaffen, war eigentlich auch noch ein weiterer Name vonnöten. Gerrit schlug dann für dieses Teil die Bezeichnung »Schlitzschließeröffnungsschlitten« vor, was dann von einem unserer Techniker mit der trockenen Bemerkung gekontert wurde: »Du meinst einen Porsche?« (Ich hatte, glaube ich, schon erwähnt, dass wir gerade in den Anfangszeiten oft sehr viele Überstunden machen mussten. Das konnte zu Humorniveaugrenzwertunterschreitungen führen.)

Der Bau des Wunderlandes schritt gut voran, und so langsam konnte man sehen, dass mehr als nur guter Wille am Werk war. Das wollten wir dann auch endlich mal ein paar Menschen zeigen. Im Frühjahr findet meist am zweiten Maiwochenende der berühmte Hafengeburtstag statt. Im Mai 2001 hatten wir schon ein halbes Jahr gearbeitet – und Geld ausgegeben –, ohne zu wissen, ob sich unsere Mühe auch nur ansatzweise lohnen würde. Deshalb veranstalteten wir beim Hafengeburtstag eine Art »Pre-Opening«. Für fünf DM Eintritt konnte jeder mal einen Blick auf die Anlage werfen.

Zum Tag der offenen Tür kamen fast dreitausend Besucher. Fast alle fanden es toll. Aber fast alle sagten auch: »Das wird nicht funktionieren.« Denn: »Ich finde es toll, aber ich kann mir nicht vorstellen, dass jedes Jahr 100 000 Menschen zu so einer Ausstellung kommen.«

Ich muss sagen, da wird man dann doch wieder ganz schön nervös. Ich habe versucht, das alles nicht an mich ranzulassen, aber das ist nicht so einfach.

Dann kam – endlich – der Verkaufsleiter von Märklin zu Besuch. Wir wollten, dass die Leute aus der Branche sich ein Bild machten. Sie sollten wissen: Wir sind keine Spinner. Mehr noch, wir tun auch was für sie, denn der Branche fehlt es an Nachwuchs. Von Faller war schon dreimal jemand da gewesen. Dann endlich kam ein Abgesandter der Väter des »Krokodils«. Das war im Juli, vielleicht zweieinhalb Wochen vor der Eröffnung. Von der Anlage konnte man also schon ziemlich viel sehen. Er war auch recht angetan und sagte dann: »Sehr schön. Aber wann kommt das Glas davor?«

Was für Glas? Wir haben nur ein Geländer. Sonst nix.

Da zog er die skeptische Miene, die wir mittlerweile schon allzugut kannten.

»Dann ist in einer Woche alles kaputt und verstaubt. Das kann ich Ihnen versichern.«

Diese Befürchtungen konnten wir verstehen. Aber das war eben genau das, was für uns das »Miniatur Wunderland« ausmachte. Wir wollten Respekt für unsere Arbeit. Und wir wollten unseren Besuchern vertrauen. Wir wussten natürlich, dass andere Anlagen – zum Beispiel von Prozesshanseln, deren Namen wir nicht mehr erwähnen – verglast waren. Dort klebten übrigens auch Schilder an der Wand »Kinder nicht rennen!«. Man hatte Angst vor dem aufgewirbelten Staub. Wir wollten den Kindern aber nicht verbieten zu rennen, erst recht nicht mit so einem blöden Schild. Selbst wenn man da ein Emoji druntermalt, ist das doch einfach nur doof. Im Gegenteil, sie rennen zu sehen, wäre doch ein Zeichen für das Erreichen unseres Zieles: Die Anlage fasziniert sie. Bei uns dürfen selbst Hunde rein, solange sie an der Leine geführt werden. Das machen wir, obwohl wir wissen, dass Hundebesuche den Verbrauch an Staubsaugerbeuteln in astronomische Höhen treiben können.

Aber so eine Warnung eines Experten, das nagt an dir. Wir haben aber immer gesagt, wir sind empathisch zum Gast. Was uns freut, das soll auch dem Gast gefallen. Wenn es Probleme gibt, müssen wir sie lösen. Wenn wir einfach mit Verboten arbeiten, würden wir die Gäste verprellen.

Außerdem ist unser Team stolz auf seine Arbeit und mag es, dass die Anlage von allen Seiten bewundert werden kann. Also blieb es bei den einfachen Geländern, und wir schworen erneut auf unsere Grundidee, das »Wunderland« nie zu eröffnen, wenn wir es durch Glas schützen müssten. Es wurde eröffnet.

Am 16. August 2001 kam Ortwin Runde, damals der Erste Bürgermeister der Freien und Hansestadt Hamburg, ins »Wunderland« und schnitt das berühmte rote Band durch. Für diesen Coup hatten wir unsere vielfältigen politischen Connections genutzt. Sie bestanden übrigens lediglich darin, dass wir einen Brief an das Büro des Bürgermeisters schrieben und einfach mal fragten, ob er Lust hätte, zur Eröffnung vorbeizukommen. Er sagte überraschend schnell zu. Wieder mal hatten wir einfach Glück.

Als er kam, war er von einer Riesentraube Journalisten umgeben, und unser Traum war in diesem Moment in Erfüllung gegangen. Wir hatten den ersten Schritt auf dem Weg zur größten Modelleisenbahn der Welt geschafft.

Aber dass dann endlich eröffnet wurde, heißt das noch lange nicht, dass vom Start an alles wie am Schnürchen lief. Sven und Stephano haben die ersten drei Wochen unter der Anlage geschlafen und teilweise die Weichen per Hand gestellt, wenn sie nicht gerade etwas korrigierten oder reparierten.

Die letzten Nächte vor der Eröffnung sind eine Geschichte für sich. Wir hatten kaum geschlafen und Gerrit gar nicht. Um 2:30 Uhr morgens am Tag der Eröffnung, sechs Stunden vor dem Einlass funktionierte zum ersten Mal der Feuerwehreinsatz ganz ohne Macken. Fertig programmiert, ohne Bugs.

Gerrit hatte uns alle zusammengerufen, dann das Licht runtergedimmt. Plötzlich brannte Schloss Löwenstein, und die Sirenen heulten, die Feuerwehren rückten aus. Da hatte man das Gefühl, hier würde sich ein Kreis schließen, von den Tagen, als wir mit dem Fahrrad vor der Feuerwache in der Sedanstraße standen und uns danach sehnten, wir könnten bestimmen, wann die Feuerwehrsirenen ertönten und wann nicht.

Und als der »Brand« erfolgreich gelöscht worden war, da war allen zum Heulen zumute, aber uns Brüdern ganz besonders. Vor Glück natürlich.

11. GERRIT:

Wer darf rein in die kleine Welt?

Für das »Miniatur Wunderland« in den Startlöchern.

Für den Eröffnungstag hatten wir Türsteher aus der Disco geholt.
Weil wir dachten, wir müssten uns auf Massen einstellen. In den
Tagen vor der Eröffnung gab es überraschenderweise in nahezu
allen Tageszeitungen in Norddeutschland teilweise ganzseitige
Berichte über uns. Das Presseinteresse stieg und damit auch unsere Erwartungen, oder vielleicht besser gesagt: Hoffnungen für
die ersten Tage. Am Eröffnungstag kamen nur 200 Leute. Wir
sind am Abend nach Hause gefahren, haben uns an den Kopf
gefasst und gedacht: Das kann nicht sein. Unsere Kalkulationen
hatten ja bei 300 Besuchern pro Tag gelegen. Wir schickten also
unsere Türsteher nach Hause und bereiteten uns darauf vor, am

Wochenende einsam in unsere Biergläser zu weinen. Es kam wie so oft anders. Schon am Samstag wurden wir überrannt. Die Warteschlangen waren so lang, dass wir wie in der Disco die Gäste mit Getränken versorgten. Nach zwei Wochen mussten wir die Öffnungszeiten verlängern. Langsam fiel bei uns allen der Stress ab, und der Glaube in uns wuchs, ein funktionierendes Wunderland geschaffen zu haben. Ja, erste Euphorie stieg in uns hoch. Doch dann kam der 11. September 2001.

Dieser Tag war eine Katastrophe für die große Welt da draußen, aber auch für unsere kleine. Tags zuvor hatten wir noch 1.100 Gäste. Am nächsten Tag gingen die Besucherzahlen wieder auf 300 zurück. Es lag irgendwie eine bleierne Schwere über allen. Keiner wollte ausgehen, keiner wollte feiern. Die ganze Welt war erstarrt. Alle wollten nur vor dem Fernseher sitzen und Nachrichten gucken. Nach den Bildern aus New York kam die Nachricht, dass einige der Attentäter aus Hamburg stammten. Dann stand die Möglichkeit eines Anschlags in der Hansestadt im Raum. Wir hatten gerade entschieden, als neuen Abschnitt Hamburg zu bauen, und allen mitgeteilt: »Hurra, es geht weiter.« Und nun schienen wir dreieinhalb Wochen nach der Eröffnung vor dem Ende zu stehen. Es dauerte Wochen, endlose Wochen, bis die Normalität zurückkehrte.

Damals war unser statistisches Sensorium noch nicht so ausgereift. Heute würde ich nach drei Tagen wissen, in welche Richtung der Besuchertrend geht. Zumindest hätten wir schnell gemerkt, dass es wieder aufwärtsgeht, auch wenn es wie gesagt Wochen dauerte. Aber selbst der 11. September änderte nichts an dem Lauffeuer, das am 16. August entfacht worden war. Es verbreitete sich in einer unfassbaren Geschwindigkeit.

Nach einem Jahr hatten wir 300 000 Besucher, nach zwei Jahren eine halbe Million und nach sechsundzwanzig Monaten konnten wir den millionsten Besucher begrüßen. Von da an war klar: Das »Miniatur Wunderland« ist größer als alles andere, was wir zuvor gemacht hatten. Dass wir die Disco nicht parallel betreiben konnten, hatten wir schon viel früher bemerkt und sie am Tag der Eröffnung des »Miniatur Wunderlands« verkauft. Es war schon ein emotionaler Moment, als zufällig am Nachmittag des 16. 8. 2001 der eigentlich nicht mehr erwartete, unterschriebene Kaufvertrag des neuen Besitzers aus dem Faxgerät flutschte.

Aber jetzt, da das »Miniatur Wunderland« am Laufen war, können wir ja mal gestehen, dass wir großen Respekt vor der Besucherstruktur hatten. Schaffen wir es wirklich, die ganze Familie zu begeistern? Oder werden wir nur als normale Modelleisenbahn wahrgenommen und begrüßen am Ende zu 80 Prozent Männer, die »Freigang« bekommen haben. Um ehrlich zu sein, die ersten ein, zwei Wochen war das Verhältnis Mann zu Frau ca. 70 zu 30. Nicht selten spielten sich kleine Dramen an der Kasse ab. Damals befand sich die noch direkt an der Anlage. Man konnte beim Bezahlen schon den Harz sehen. Nicht selten diskutierten da Männlein und Weiblein, wie lange er denn drinbleiben darf und wann er wieder abgeholt wird. Wir haben die Frauen dann immer eingeladen, da wir nicht für Trennungen verantwortlich sein wollten. Manche sind dann tatsächlich ihrem Mann gefolgt, und es kam mehrfach vor, dass die Frau später zurück zur Kasse kam und nachträglich Eintritt bezahlen wollte. Mit Worten wie zum Beispiel »Niemals habe ich das erwartet, ich dachte, das ist hier wie eine Modellbahnmesse. Aber das ist so toll, dafür möchte ich gerne meinen Eintritt bezahlen.« Von Woche zu Woche veränderte sich die Quote, und im November wussten wir bereits, dass wir es geschafft hatten. Das Telefon klingelte, und eine Frau meldete eine Gruppe von 50 Frauen eines Landfrauenverbandes an. Sie wollten – anstatt wie jedes Jahr zu Weihnachten ins Musical – dieses Jahr mal diese tolle Modelleisenbahn anschauen …

Nicht nur aufgrund meiner Kassensoftware und der Tatsache, dass wir jeden Gast nach seiner Herkunft fragten und ob er schon mal da gewesen war, wissen wir viel über unsere Gäste. Auch dank der sozialen Medien haben wir einen ziemlich genauen Überblick.

Nehmen wir aber mal das Beispiel Facebook. Seit ein paar Jahren gibt es die sogenannten »Check ins«, die immer öfter von Facebooklern genutzt werden: Ein Gast besucht uns und gibt bei Facebook den Status an, dass er gerade bei uns ist. Daraus ergeben sich superinteressante Zahlen, die wir schon lange im Blick haben. Inzwischen, im Jahr 2017, gibt jeder 15. Besucher auch bei Facebook an, dass er gerade hier ist. Diese Zahl wird seit Jahren immer extremer. Höchstwert in einer Woche war mal 12. Also jeder 12. Besucher hat auch seinen Bekannten mitteilen wollen, dass er gerade das »Wunderland« besucht. Wir haben ausgewertet, wie hoch dieser Wert bei anderen Ausstellungen liegt, und kamen dann zu dem Schluss, dass es eine Mischung aus Stolz und Information ist, wann ein Mensch bei Facebook angibt, wo er gerade ist. Davon abgeleitet kann man also unterstellen, dass immer mehr Gäste stolz darauf sind, uns zu besuchen. Da wir also diese Zahlen ziemlich genau bewerten können, können wir auch sehen, wie es sich bei den anderen Ausstellungen entwickelt, die es nach unserem Erfolg inzwischen weltweit gibt. In der Regel macht uns die dortige Entwicklung keine Sorgen. Das sagen wir nicht aus eitler Selbstbespiegelung, sondern das ist einfach Fakt. Bei vielen Wettbewerbern liegt die Quote »Besucher Facebook zu Real« bei 25 : 1 oder noch höher.

Aber es kommen ja nicht nur Gäste zu uns. Wir müssen auch entscheiden, wer unsere Anlage bevölkern darf.

Grundsätzlich: jeder. Unser Ehrgeiz, die Wirklichkeit so getreu wie möglich abzubilden, geht so weit, dass wir einen Mix an Lkw, Autos, Bussen und so weiter brauchen, der ungefähr dem Verhältnis in der Realität entspricht. Ich bin zum Beispiel kein

Das »Miniatur Wunderland« hebt ab.

Freund von SUVs, weil ich der Meinung bin, dass sie mit ihrem Gewicht erstens zu viel Energie verbrauchen und außerdem bei einem Unfall mit einem normalen Kleinwagen viel besser geschützt sind. Und zwar zulasten des Kleinwagens. Dennoch gibt es SUVs im »Miniatur Wunderland« zu sehen. Weil es sie halt gibt. Nun hat ja vieles in unserer Welt eine Werbeaufschrift. Und wir konnten schnell feststellen, dass mit steigenden Gästezahlen auch bestimmte Bedürfnisse von Firmen geweckt wurden. Bei Lkw sind wir nicht ganz so streng, weil ein witziger Lkw eben auch einen gewissen Schauwert hat. Wenn da die Form überzeugt oder das Design anspricht, kann es passieren, dass unser Herz weich wird und wir ihn reinlassen.

Dasselbe gilt für den Flughafen. Wir wollten dort Airlines haben, die in Deutschland zu sehen sind. Und da Knuffingen Airport sehr deutlich vom Hamburger Flughafen Fuhlsbüttel inspiriert ist, sollte sich da natürlich auch sehr viel Vertrautes zeigen. Doch wie immer steckt der Teufel im Detail.

161

Theoretisch könnten Unternehmen uns verbieten, Autos oder Flugzeuge mit ihrem Firmennamen aufzustellen. Wir haben das nur einmal in abgemilderter Form erlebt. Eine Fluggesellschaft wollte ihr Logo nicht bei uns sehen. Das hielt aber nur so lange vor, bis deren Marketingabteilung neu besetzt wurde und man erkannte, dass es mit Sicherheit kein Nachteil ist.

Der umgekehrte Fall kommt dagegen viel häufiger vor. Firmen – die verschiedensten Betriebe oder Hersteller von ganz vielfältigen Produkten – sehen sich gern auf der Anlage vertreten. Gegen Geld, versteht sich. Wogegen wir grundsätzlich nichts haben, heute zumindest. Am Anfang waren wir da strikter, aber inzwischen sehen wir das lockerer. In jedem Fall geht es darum, eine *Win-Win-Win*-Situation zu schaffen. Die Firmen haben ihre Werbung, der Gast einen größeren Schauwert und wir ein wenig Unterstützung

Aber wir nehmen nicht jeden. Das Angebot muss zum »Miniatur Wunderland« passen, und der Anbieter muss uns sympathisch sein. Oder anders gesagt: Wir sind in diesem Punkt käuflich, aber nicht billig.

Zum Beispiel war es unser Wunsch, im Schweiz-Abschnitt ein Zementwerk darzustellen. Nun ist aber in unserer großen »Wunderland«-Familie detailliertes Zementwerkwissen eher rar gesät, und seitdem wir nahezu pausenlos mit unserer Wunderwelt in den Medien vertreten waren, hat sich die Resonanz auf unser Werk im Vergleich zu den Kindertagen schon sehr verändert. Wurde damals noch fast alles mit einem freundlichen Lächeln honoriert, findet sich im Publikum inzwischen früher oder später jemand, der es besser weiß.

Das ist uns nicht unsympathisch – wir lernen gerne dazu –, aber wir sind natürlich auch gern makellos. Denn wenn man in einer Mail hundertmal auf denselben Fehler hingewiesen wird, dann ist das nicht so lustig. Und bei heute fast 1,5 Millionen Gästen jährlich sind mit Sicherheit regelmäßig aus jedem denkbaren Fachbereich Gäste dabei, die es wirklich genau wissen. Als sich bei uns ein Zementwerk meldete und uns mit Plänen, Einladungen zu Werksbesichtigungen und Tipps bis ins letzte Detail half, gab uns das noch mal einen richtigen Schub. Trotzdem ist der Anteil von Marken, die immer noch für lau durchs Wunderland düsen dürfen, sehr hoch. Bei den Flugzeugen liegt er bei ungefähr fünfzig Prozent, bei den Autos ist es ähnlich.

Es kommen auch immer wieder Leute, die uns viel Geld bieten, wir es aber gleichwohl ablehnen, sie auf die Anlage zu nehmen. Das können inhaltliche Gründe sein oder formale. Manchmal ist es auch einfach Sympathie. Wir sind Menschen und haben Vorlieben, das muss man respektieren.

Speditionen wollen sehr gerne auf die Anlage, weil das für sie passende Werbung ist. Wir machen das, wenn es ins Ambiente passt und der Aufdruck auf den Lkw nicht ganz so grell ist. Aber »Miniatur Wunderland«-Sondereditionen machen wir eher nicht, der Lkw wird, wenn er genommen wird, so nachgebaut, wie er in der freien Wildbahn unterwegs ist. Ausnahmen machen wir gerne, wenn es sich um einen guten Zweck handelt. Da ist ein Auffallen ja auch von uns erwünscht.

Aber noch mal: Am Ende zählt immer die Idee und ob überhaupt noch Platz ist. Als erste Tankstelle auf der Anlage hatten wir eine von Esso. Geboren aus reinem Zufall. Dann wollte auch Jet drauf. Wir haben miteinander gesprochen und gesagt, wenn wir einen interessanten Gag finden, nehmen wir auch eine zweite Tankstelle hinzu. Da entstand die Idee, uns als offizielle Jet-Tankstelle im Zentralrechner von Jet zu listen und uns mit den gleichen Benzinpreisen wie die Jet-Tanke am Heidenkampsweg in Echtzeit zu versorgen. Die Preise werden dann auf unseren Miniaturanzeigen dargestellt. Genau so etwas gefällt uns, außerdem können wir hier auch technologisch etwas lernen, denn die Datenverbindung zur Master-Tankstelle an der Amsinckstraße war ja ebenfalls Neuland für uns. Nun sehen wir auch live, wie oft sich da täglich die Preise ändern.

Frederik ist immer noch derselbe große HSV-Fan wie in seinen Kindertagen. Das Stadion, das nun wieder wie damals Volksparkstadion heißt, haben wir schon lange auf dem Gelände, nur wurde es ja so gut wie jedes Jahr umbenannt – sage ich mal als neutraler Beobachter, der dem HSV nicht ganz so nahesteht wie mein Bruder. Was anfangs nach einem Albtraum für unsere Modellbauer aussah, haben wir mittlerweile ganz gut gelöst. Wenn das Original-Stadion umbenannt wird, vollziehen wir die Prozedur meist am selben Tag nach. Häufig ist dann auch ein Spieler vom HSV anwesend. Das war bisher jedes Mal mit viel Presserummel verbunden.

Natürlich ist im »Miniatur Wunderland« auch die Haspa mit ihrer Hauptfiliale vertreten, denn ohne sie würde es uns vermutlich nicht geben. Auch eine Schweizer Großbank wollte auf die Anlage. Da haben wir dann gesagt: Okay, aber nur wenn wir es mit einem Banküberfall verbinden. Nun sind Banken nicht so glücklich darüber, wenn man sie immer als Erstes mit einem Überfall in Verbindung bringt, erst recht nicht, wenn man ihn am Ende auch noch als gelungen bezeichnen könnte.

Also haben wir uns hingesetzt und einen Kompromiss ausgegrübelt. Banküberfall bleibt (das war uns wichtig), die Gangster graben unterirdisch einen Tunnel zum Tresorraum. In diesem wartet schon die Polizei (das war der Bank wichtig). Damit können wir leben, und die Gäste freuen sich, wenn sie etwas Lustiges entdecken können. Am Ende läuft es immer auf die Story hinaus. Wenn die stimmt, ist alles möglich.

12. FREDERIK:

Lampenfieber

Die ersten Fernsehsendungen über das »Miniatur Wunderland« flimmerten schon über die Bildschirme, da war unsere Anlage noch gar nicht eröffnet. Und um ganz ehrlich zu sein, müssen wir zugeben, dass wir das unserer Konkurrenz zu verdanken haben.

Wenn man neu auf den Markt kommt, braucht man einen Superlativ. Der olympische Spruch »Dabei sein ist alles« klingt gut, ist aber in unserem Alltag eher unbrauchbar. »Kommen Sie ins ›Miniatur Wunderland‹, wir sind auch nicht schlechter als die anderen« – so ein Spruch hätte uns wohl kaum mehr als eine Handvoll Interessenten beschert.

Aber wir wollten auch nicht sinnlos übertreiben. Also setzten wir anfangs auf den Slogan »Eine der größten Modelleisenbahnen der Welt« und schoben nach, quasi als Alleinstellungsmerkmal, noch »die größte digitale Anlage der Welt«. Dies war nicht übertrieben, denn digitale Anlagen waren um die Jahrtausendwende immer noch ein Novum.

Digitalisierung war im Kommen, aber vor allem bei neuen Anlagen. Die meisten alten liefen noch analog. Und deshalb gab es bereits einige Steuerprogramme, die aber in ihren Leistungen eher bescheiden waren. Ich will jetzt gar nicht so sehr in technische Details gehen – das ist ja auch nicht mein Gebiet –, aber sagen wir es mal simpel so. Analog: ein Trafo, eine Lok in eine Richtung. Oder zwei Trafos: zwei Loks in zwei Richtungen usw. Digital: eine Anlage, mehrere Loks in verschiedene Richtungen.

Gründonnerstag flatterte uns dann Post vom Anwalt ins Haus.

Einstweilige Verfügung: Wir sollten nicht länger behaupten, dass wir zu den größten Modellbahnanlagen der Welt gehörten. Der Kläger war in der Branche kein Unbekannter. Er hatte schon diverse Konkurrenten mit Prozessen überzogen, aber bei uns war der Ton eine Spur schärfer. Es gebe in der Welt eine Art geschlossene Spitzengruppe der großen Anlagen, und wenn wir popeligen Neulinge uns mit unserer Hobbyplatte da hineindrängen wollten, dann würde man uns schon zeigen, wo der Hammer hängt. Also: einstweilige Verfügung unterschreiben. 2000 DM Anwaltskosten zahlen und bei Zuwiderhandlung eine Viertelmillion löhnen.

Das versaut einem schon erst mal die Feiertage. Man will einfach nur Spaß haben, den Leuten Vergnügen bringen, und dann kommt so ein Herr und will einen ans Kreuz nageln. Und dann noch dieser Ton von oben: Für euch Neulinge ist hier kein Platz! Das war fast genauso wie damals mit den drei Stänkerern im Innocentiapark, nur gab es diesmal keinen Hausmeister John mehr, der uns zu Hilfe eilen konnte.

Oder doch? Noch am Gründonnerstag wandten wir uns an unseren Plattenlabel-Anwalt Carsten Bartholl. Der las sich den Schriftsatz gründlich durch und sagte: Erst einmal holen wir die ganze Sache nach Hamburg. Wir machen eine Feststellungsklage. Ins Nicht-Juristendeutsch übersetzt heißt das: Wir wollen wissen, ob die Behauptung des Klägers, seine Anlage sei so viel größer als unsere, dass er in einer anderen Liga spielt, tatsächlich gerechtfertigt ist. Die Feststellungsklage hatte zwei Vorzüge. Zum einen wurde dadurch der Vollzug der einstweiligen Verfügung ausgesetzt, und zum anderen hatten wir vor Gericht ein Heimspiel. Die Hamburger Gerichte haben oft Fälle, die im weitesten Sinne mit medialer Darstellung zu tun haben, da dürfte ihnen so ein Fall vertraut vorkommen.

Die Verhandlung vor dem Landgericht hatte dann stellenweise Züge, die ins Slapstick-hafte gingen. Der Richter zerpflückte die

Argumentation der Gegenseite Schritt für Schritt. Denn die hatten bei ihrer Quadratmeterzahl gemogelt und auch, was sie an Restaurant und Toiletten aufwiesen, alles offiziell zur Fläche der Modellbahnanlage gezählt. Der Richter fragte dann mit betont neutralem Gesicht: »Das verstehe ich nicht. Fahren Ihre Modelleisenbahnzüge denn auch durch das Restaurant und in die Toiletten?« An der Stelle gab es die ersten Lacher im Saal. Unser Prozessgegner hatte gehofft, er könnte aus der Verhandlung einen großen Publicity-Stunt machen. Deshalb hatte er sich extra eine Schaffner-Mütze und eine Signalkelle mitgebracht. Damit wollte er nach der Verhandlung vor die Kameras treten und »Zurückbleiben, ›Miniatur Wunderland‹!« oder etwas Ähnliches verkünden.

Kameras waren tatsächlich da. Denn die Reporter von RTL, vom Lokalsender Hamburg 1 und anderen Fernsehanstalten gehen regelmäßig die Verhandlungslisten durch, und als sie sahen, dass sich hier sich zwei Modelleisenbahner darüber stritten, wer den größeren hatte, da dachten sie sich: Die Nerds schauen wir uns mal an.

Am Ende stand der Herr von der Gegenpartei mit Mütze und Kelle vor der Kamera, aber mehr als verpfeifen blieb ihm am Ende nicht übrig. Unsere Feststellungsklage hatte Erfolg. Das »Miniatur Wunderland« gehörte zu den größten Anlagen in der Welt. Der Abstand zur Konkurrenz war nicht so groß wie von dieser behauptet.

Auch Malte Spörl von *Spiegel TV* hatte das mitbekommen. Und der brauchte noch acht Minuten für eine Reportage. Das Thema war »Miniwelt im Bastelkeller« oder so ähnlich. Die genaue Bezeichnung habe ich vergessen. Jedenfalls kamen wir in dem Beitrag zwar als Nerds rüber, aber als coole Nerds (mit Mädels!), und danach drückten sich die Medien die Klinke in die Hand. Als wir Ende 2003 den Amerika-Abschnitt eröffneten, ging es richtig los. Nahezu gleichzeitig *Stern TV*, *Johannes B.*

Kerner, Markus Lanz, Galileo, ZDF Reportage – die ganze Palette. Wir waren so oft im Fernsehen, dass die Wunderländer sagten, wir sollten doch einen extra Warteraum für die vielen Journalisten bauen. Es gab eine Phase, da kamen pro *Tag* mindestens ein oder zwei Journalisten vorbei. Teilweise drehten zwei oder gar drei Teams nachts gleichzeitig in unterschiedlichen Abschnitten. Wir konnten das nur nachts machen, weil tagsüber die TV-Leute den Besuchern im Weg gestanden hätten. Und nach jedem Bericht meldete sich ein anderer Sender.

Die Filme waren natürlich leicht zu drehen. Überdachtes Set. Keine Witterungseinflüsse und großer Schauwert. Da entstanden dann schnell zwanzigminütige Beiträge.

Diese Sendungen hatten von Anfang an gute Einschaltquoten. Bei unserer Vorliebe für Statistiken haben wir uns natürlich die Verlaufskurven der Einschaltquoten zeigen lassen. Da gab es kaum Abschalter. Es war nahezu immer so, dass die Zuschauerzahl während der Sendung anstieg. Das ist für den Sender ein besonderes Plus, denn es heißt ja, dass unentschlossene TV-Konsumenten beim Zappen hängen bleiben.

Und dann mehrten sich die Auftritte, bei denen wir selbst – also nicht nur die Anlage – im Mittelpunkt der Fernsehbeiträge standen. Wenn meine Statistiken mich nicht täuschen, waren wir dreimal bei *Kerner*, zweimal bei *Lanz* und mindestens dreimal – oder sogar viermal – in der *NDR Talkshow*. Das ist schon noch mal eine andere Liga.

Ehrlich gesagt, jedes Mal sterbe ich vorher vor Aufregung. Hoffentlich sind die Fragen gut. Hoffentlich verhaspelt man sich nicht. Aber sobald die erste Frage gestellt ist, fühlen wir uns sicher. Live-Sendungen wie *Stern-TV* sind hundert Prozent, und wenn man so eine Loriot'sche Nudel im Gesicht hat oder eine andere doofe Figur macht, dann war die ganze Mühe umsonst. Über ein paar Sachen kann man sich vorher schlau machen. So zum Beispiel keine schmal gestreiften Hemden anziehen, ansonsten flimmert das über den Bildschirm wie bei einem Zeilentrafo. Inhaltlich machen wir uns eher wenig Gedanken. Wir wollen beispielsweise vorher lieber keine Fragen hören. Es ist viel spontaner, wenn man von den Fragen überrascht wird. Wenn man keine Möglichkeit hat, sich stundenlang vorher Gedanken zu machen, was man denn taktisch am besten antworten könnte. Sobald man taktisch wird, ist man nicht mehr man selbst. Eine andere Sache, an die wir uns gewöhnen mussten, war, dass die Leute oft zu Anfang fragten: »Wer macht was?«

Gerrit sagte dann: »Ich mache die Technik«, worauf ich hinzufügte: »Und ich habe zwei linke Hände.« Oder ich sagte zuerst: »Ich denke mir das alles aus«, und Gerrit fügte hinzu: »Ich muss es dann bauen.«

Letztlich ist egal, was wir darauf antworten, die nächsten Fragen werden immer an beide gleichzeitig gerichtet. Und wir müssen selbst darauf achten, dass wir die Antworten gleichmäßig verteilen. Dass am Ende nicht nur einer die ganze Zeit redet und der andere nur beifällig nickt. (Ja, Gerrit. Ich weiß, bei wem diese Gefahr am größten ist. Dazu musst du jetzt nichts sagen. Anmerkung Gerrit: Ich habe doch gar nichts gesagt! Kann ich ja auch nicht, wenn du mir immer ins Wort fällst.)

Trotz aller Nervosität mag ich diese Auftritte. Ich hätte gerne mehr Zeit, am liebsten die ganze Sendezeit. Das hört sich jetzt vermutlich eingebildet an, aber das soll es nicht. Ich habe so oft das Gefühl, noch nicht alles erzählt zu haben. Und man steigert sich gern mal in so ein Interview rein, kommt immer mehr in Fahrt und – zack – ist es schon zu Ende. Wobei es auch schon mal passiert, dass der Eine merkt, dass der Andere etwas nervöser ist, und übernimmt dann mal eben. Oder war es jetzt der Andere. Egal. Hier ein gutes Beispiel, wobei sich das nicht während einer Sendung »ereignete«, sondern vorher. 2009 waren wir Außenwette bei *Wetten, dass ..?*. Ein Markenzeichen des »Miniatur Wunderlands« ist es, dass wir nicht einfach kleine

Menschen auf das Areal stellen, sondern viele Geschichten mit ihnen erzählen. Wenn eine Gruppe von Leuten beieinander steht, ist immer etwas los. Es gibt Alltagsszenen, Büro-Situationen, die bei Angestellten eine unbändige Freude auslösen, weil der Kaffee-Automat endlich wieder funktioniert, aber auch Banküberfälle und Liebespaare im Kornfeld. Die Leute sollen sich durch die Anlage bewegen, eintauchen in unsere Welt, Entdeckungen machen, vom Alltag abschalten, sich auf Abenteuerreise begeben, neue Pfade entdecken. Und deshalb gibt es im »Wunderland« auch mal eine Wasserleiche oder überraschende Sexthemen.

Bei Letzteren gab es schon mal Kontroversen, ob man so etwas bei einer Anlage machen könne, die doch auf Familienbesucher abzielt. Aber wir haben uns bewusst dafür entschieden, sofern es sich anbietet, auch mal frivoler zu sein. In der Beziehung gehören wir eben definitiv *nicht* in das Umfeld von Disney World & Co. Wir wollten uns von Anfang an eine eigene Welt schaffen, die aber ein möglichst reales Spiegelbild der Wirklichkeit sein sollte. Und dazu gehören neben Gefahren eben auch fleischliche Genüsse. Bei uns gibt es keine schamhaften schwarzen Balken. Und ich denke, dass bei dem Kenntnisstand der heutigen Jugend (auch dank Internet & Co) niemand im »Miniatur Wunderland« ein Schockerlebnis befürchten muss. Wenn sich doch mal jemand beschwert, weisen wir dezent darauf hin, dass die Kinder meistens viel mehr wissen, als die Eltern denken.

Bei der Gestaltung dieser Szenen lassen wir unseren Mitarbeitern freie Hand. Das Grand Design kommt, wie berichtet, von Gerhard, aber an den Details der Wimmelei toben wir uns alle aus. Nahezu jede Fläche bietet sich als Hintergrund für eine witzige Szene an. Und wir sind dabei gerne frech. Ich liebe es, wenn das Team mich mit seinen Ideen überrascht. Das muss nicht immer eine Liebesszene sein, sondern ist vielleicht auch mal ein Scheich mit einem Kamel, der da auftaucht, wo man ihn nicht erwartet. Sie können alles so machen, wie sie es ihnen gefällt. Hauptsache, es passt zum »Miniatur Wunderland«. In 99 Prozent aller Fälle ist das auch so.

Nur manchmal greifen wir korrigierend ein. So hatten wir im Hamburg-Abschnitt auch mal einen Unfall bei der U-Bahn geplant, und da bieten sich so einige graphisch deutliche Möglichkeiten an. Ich sage mal nur: abgetrennte Gliedmaßen, Blut überall. Die Hochbahn hat uns dann einen sehr lieben Brief mit dem Tenor geschrieben, dass sie jeden Tag dafür arbeiten, dass solche Unfälle nicht passieren und sie nicht glücklich damit wären, wenn durch den Besuch im »Miniatur Wunderland« manche Leute auf falsche Gedanken kämen. Dieser Einwand war berechtigt. Denn es ist mittlerweile ja nicht nur so, dass sich auf den Abschnitten ein repräsentativer Querschnitt der Bevölkerung tummelt, unter den Gästen ist das ja ganz genauso. Wir haben dann erst an eine abgemilderte Variante gedacht und die zur Abstimmung ins Netz gestellt. Da war der allgemeine Tenor: Auf keinen Fall. Also haben wir die Szene ersatzlos gestrichen. So etwas passiert aber äußerst selten. Meistens geht die Überlegung in die andere Richtung. Dann sagen wir: »Der Gag ist noch nicht richtig rund, da müssen wir noch nachlegen.«

Ich bin auf dieses Thema gekommen, weil diese kleinen Szenen viele Fans haben. Einer von ihnen meldete sich 2009 mit folgendem Angebot bei *Wetten, dass ..?*: Er kenne Tausende dieser kleinen Szenen, und wenn er ein Bild von einer Szene sähe, könne er sofort sagen, an welcher Stelle sie sich auf der Anlage befinde, außerdem könne er feststellen, wenn etwas verändert würde.

Auch wenn es manch einer nicht glauben mag, wir kannten den Wettkandidaten nicht. Das ZDF setzte sich also mit uns in Verbindung. Sie fanden den Wettvorschlag sehr gut, allerdings hätten sie noch keine Lösung gefunden, wie man die Sache am besten ins Bild setzen könnte. Daran haben wir dann gemeinsam gefeilt. Basti, unser 14 Jahre jüngerer Bruder, erinnerte sich, dass

Wetten, dass Gerrit hier auch ein bisschen Lampenfieber hat?

es bei einem Regionalsender in Hamburg mal ein Quiz gab, wo Leute eine Kamera dirigieren mussten, um Sehenswürdigkeiten zu lokalisieren. So ähnlich lief es dann bei *Wetten, dass ..?*. Der Wettkandidat Jürgen Seeliger bekam ein Foto präsentiert, dann musste er eine Kamera in den richtigen Ausschnitt des »Miniatur Wunderlands« dirigieren. Und wie nicht anders zu erwarten, hatten wir dieses Mal sogar gleich doppelt Glück: Jürgen Seeliger war nicht nur ein großer Fan des »Wunderlands«, sondern auch ein witziger Kandidat – am Ende ist er völlig zu Recht Wettkönig geworden. Dadurch, dass eine Kamera vor Ort involviert war, war auch das echte »Wunderland« die ganze Zeit in der Sendung zu sehen. Da es diese strengen Bestimmungen in Sachen Schleichwerbung gibt, wurde vorher festgelegt, dass auf keinen Fall der Name »Miniatur Wunderland« während der Ausstrahlung erwähnt werden durfte. Die ganze Zeit wurde immer nur von einer »Riesenmodellbahnanlage« gesprochen. Von den meisten jedenfalls. Michelle Hunziker setzte sich in ihrer liebenswerten Unbekümmertheit mehrmals über dieses Verbot hinweg, wofür wir ihr nicht wirklich böse sein konnten. Wir haben es tatsächlich ernsthaft versucht, aber beim besten Willen, es ging nicht. Sie hatte auch bei der Präsentation die Wette als noch schwieriger beschrieben, als sie es tatsächlich war (unser Wunderland-Fan kannte nicht alle Figuren, sondern »nur« tausend, was ja auch schon eine ganz solide Leistung ist), aber hey, wer wüsste besser als wir, wie aufgeregt man bei Live-Sendungen sein kann. Die Übertragungen für *Wetten, dass ..?* waren übrigens seit der Eröffnung die einzigen eineinhalb Tage, an denen das »Miniatur Wunderland« geschlossen war.

Normalerweise wurden die Außenwetten bei *Wetten, dass ..?* von einem prominenten Außenreporter präsentiert. Das hätte damals sicher Olli Dietrich sein sollen, der auch gut zu Hamburg gepasst hätte. Aber bei der Vorbesprechung sagten die Fernsehfritzen: »Ihr habt doch Fernseherfahrung. Das kann auch einer von euch machen.«

Da habe ich einmal tief durchgeatmet und – einen Rückzieher gemacht. Vor zehn Millionen Zuschauern minutenlang live aufzutreten, während einem bewusst ist, dass die Leute die ganze Zeit auf einen und nur auf einen gucken, das war mir dann doch zu heftig. Da ist dann Gerrit in die Bütt gesprungen, und was er da abgeliefert hat, hat mich sehr beeindruckt. In Deutschland war *Wetten, dass ..?*, also was Fernsehauftritte angeht, der absolute Höhepunkt. Aber es ging ja noch weiter.

13. GERRIT:

London Calling

Es gab eine Zeit, da war die BBC-Sendung *Top Gear* das populärste TV-Format der Welt. Auf BBC World Service lief die Sendung sowieso, aber darüber hinaus wurde sie auch in unzähligen Ländern von lokalen Fernsehstationen übernommen und synchronisiert, obwohl dabei eine Menge des sehr britischen Humors auf der Strecke blieb. Oberflächlich betrachtet war *Top Gear* nicht viel mehr als eine Auto-Sendung, in der drei mittelalte Männer blöde Bemerkungen übereinander machten und natürlich über die Autos, die sie fuhren.

Unbestrittener Chef im Ring war Jeremy Clarkson, der seine berufliche Laufbahn als Handelsvertreter begonnen und schon deshalb unzählige Autobahnkilometer auf dem Buckel hatte. Sein loses Mundwerk war beliebt und gefürchtet. Leute, die vor allem auf politische Korrektheit stehen, hatten an ihm nicht viel Freude; es sei denn, es machte ihnen Spaß, sich über Mr Clarkson aufzuregen. Nummer zwei war James May, der aussah (und eigentlich tut er das noch immer) wie ein in die Jahre gekommener Hippie, wenn man zu beiden nett sein will, kann man ihn als eine Art silbergrauen Thomas Gottschalk beschreiben. Wo Clarkson garstig war, war May gutmütig und freundlich. Auch die vielen Sticheleien Clarksons, die oft aus Mutmaßungen über Mays Sexualleben bestanden, ließ James mit einer Engelsgeduld über sich ergehen. Der Dritte im Bunde war John Hammond, der schon deshalb schlechte Karten hatte, weil er einen Kopf kleiner war als seine Kollegen und öfter Autos in den Straßengraben setzte.

Berühmt wurde *Top Gear* durch die ungewöhnlichen Herausforderungen (neudeutsch: Challenges) und Wetten, die das Trio absolvierte. Mal fuhren Clarkson und May in einem Toyota Hilux zum magnetischen Nordpol. (Das taten sie übrigens als erste Menschen weltweit. Der Rekord steht bis heute, allerdings machte James May zu keinem Zeitpunkt der Reise den Eindruck, er hätte wirklich Spaß und wollte tatsächlich ans Ziel.) Oder sie fuhren durch die bibelfesten Südstaaten der USA, allerdings nicht ohne zuvor ihre Autos mit – na sagen wir mal provokativen – Sprüchen zu verzieren. So standen dann auf den Wagen Sätze wie »Schwul ist schön« oder »Country nervt«, oder »Ich wähle Hillary«. (Dieses Experiment musste übrigens abgebrochen werden.)

Nach einer Auseinandersetzung, die heftiger ablief als alle zuvor, wechselte das Trio zu Amazon und macht seit einiger Zeit unter dem Titel *The Grand Tour* weiter. *Top Gear* gibt es weiter auf BBC mit neuen Moderatoren, aber natürlich ist es auf keinem der beiden Kanäle wieder so schön, wie es früher einmal war.

Was man bei *Top Gear* leicht übersehen konnte, war, dass sich trotz aller Blödeleien und Anpflaumereien in dem Format auch eine ganze Menge technischer Sachverstand verbarg. Und dafür war zuvörderst James May verantwortlich zu machen. Wenn man ihn trifft und ihm bei seiner Arbeit zusieht, dann versteht man sofort, weshalb die industrielle Revolution in England und nur in England zuerst ausbrechen konnte. Ob James May diese Revolution auch allein geschultert hätte, ist nicht sicher, aber zehn von seiner Sorte hätten vermutlich gereicht. Dieser Mann liebt Technik mit jeder Faser seines hoffentlich naturbelassenen Herzens. Wenn man nur zusieht, wie liebevoll er eine Schraube aus einem Werkzeugkasten nimmt und sie mit traumwandlerischer Sicherheit mit der dazu passenden Mutter versieht, dann würde es einen nicht überraschen zu hören, dass er jede Schraube dieser Welt beim Vornamen kennt und mit dem

Rest auf Duzfuß steht (was zugegebenermaßen auf Englisch auch nicht so schwer ist, denn dort gibt es ja kein »Sie«).

Neben *Top Gear* war James May im englischen Fernsehen auch immer in anderen Formaten präsent. So gibt es kurze Einspieler, in denen er technische Einzelfragen klärt – warum können U-Boote sinken und wieder auftauchen, aber eben auch: Warum fällt es Lokomotiven so schwer, bergauf und -ab zu fahren.

Darüber hinaus gibt es eine Sendung, die eine geschlagene Viertelstunde lang nichts anderes zeigt als James May, der irgendetwas zusammenbaut. Das kann ein Rasenmäher sein, eine Gitarre, ein Mini-Moped oder ein Plattenspieler. Episoden dieser Sendung sind auch auf YouTube verfügbar, wer will, kann ja mal einen Blick hineinwerfen. Einfach in die Suchmaske »James May Reassembler« eingeben.

Insofern war es nicht überraschend, dass James May eines Tages auch im »Miniatur Wunderland« auftauchte und sich unsere Anlage ansah. Dann meldete er sich noch mal. Für seine Sendereihe *Toy Stories* wollte May die längste Modelleisenbahnstrecke der Welt bauen. Sie sollte die Orte Bamstaple und Biceford miteinander verbinden, und auf Grund unseres mittlerweile ja ziemlich angehäuften Modelleisenbahnwissens sollten wir als Fachberater agieren. Natürlich sagten wir zu.

In so einer Situation kann man als Berater ja wenig falsch machen. Es ist ein bisschen wie bei einem Fußballer als Experten, der sich nicht profilieren und niemanden verärgern will. Man macht ein freundliches Gesicht, lässt in seinen Antworten durchblicken, dass man etwas von der Materie versteht, und ansonsten sollen alle ihren Spaß haben.

Natürlich gibt es Unterschiede im Modellbahnbereich zwischen Großbritannien und Deutschland. Was bei uns Firmen wie Märklin waren – und auch noch sind –, waren in England Marken wie Hornby. War unser Traummodell die bereits erwähnte

»Krokodil«-Lok, war es bei James May der »Flying Scotsman«. Und auch die Spurweite unterscheidet sich. Die Engländer bevorzugen »00«, was nichts mit Toiletten zu tun hat, aber etwas breiter ist als unsere »H0«, und vielleicht gibt es auch Lokomotiven, die unter dem Label »007« laufen und ungestraft andere Loks von der Strecke rammen dürfen.

Das haben wir nicht gefragt, denn die große »Hornby«-Folge ging aus wie das Hornberger Schießen. Keine der gestarteten Loks kam ins Ziel, was unter anderem daran gelegen haben mochte, dass die Strecke ganz schön lang war. Obwohl die kleinen Lokomotiven sich mächtig abstrampelten, erreichten sie nicht mehr als eine Durchschnittsgeschwindigkeit von 1,6 Stundenkilometern. Und ins Ziel kam keine.

Das war schade, denn das Team, die Idee und das ganze Drumherum hatten uns schon sehr gut gefallen. Nur ein Jahr später erreichte uns ein neuer Anruf: Für die nächste Folge sollte eine Neuauflage der Idee probiert werden, und diesmal sollten wir nicht nur als Fachberater auftreten, sondern auch selbst teilnehmen. Das Ganze wurde als »The Great Train Race« angekündigt.

Nun ist die englische Fairness so legendär wie die deutsche Humorlosigkeit, aber dennoch machten wir uns die Mühe, vor dem Rennen die Modalitäten abzuklären. Jedes Team sollte mit drei Lokomotiven antreten. Wer als Erster eine Lokomotive ins Ziel brachte, sollte das Rennen gewinnen.

Unser Vorschlag, den Ausgang des Rennens bei einem eventuellen Gleichstand per Elfmeterschießen zu entscheiden, wurde abgelehnt. Allerdings wurden wir aufgefordert, neben dem klassischen Stromantrieb auch noch über Alternativen nachzudenken. Die Mannen um James May hatten zum Beispiel noch einen Wasserstoffantrieb am Start. Da die Briten es bekanntermaßen lieben, uns mit Klischees zu necken, entschieden wir uns, ihnen passend dazu eine »Sauerkraut«-Engine anzubieten, das heißt: Eine unserer Loks sollte zumindest teilweise mit vergorenem

Sauerkrautsaft betrieben werden. Dieser Vorschlag wurde angenommen.

Das große Rennen sollte am 16. April 2011 stattfinden. Barnstaple ist eine Kleinstadt im Norden der Grafschaft Devon, deren Bahnhof so aussieht, als würde hier gleich Mrs. Marple in den Zug steigen, um einen ihrer Kriminalfälle zu lösen. Bideford ist eine etwas kleinere Kleinstadt als Barnstaple. Sie liegt ebenfalls in der Grafschaft Devon, allerdings mehr südlich. Auch der Bahnhof von Bideford sieht so aus, als würde gleich Mrs Marple aus dem Zug steigen, um einen ihrer vielen Kriminalfälle zu lösen. Wer eine grobe Orientierung braucht, dem sei gesagt, dass Devon neben Cornwall auf jenem länglich in den Atlantik weisenden Zipfel Großbritanniens liegt, der auch Schauplatz unzähliger Rosamunde-Pilcher-Verfilmungen war. Wenn man außerdem noch gewärtigt, dass die Aussprache-Regeln im Englischen äußerst unregelmäßig sind (Bideford wird nicht – wie man erwarten könnte – »Beidford« ausgesprochen, sondern »Biedieford«), dann ist man im wesentlichen für eine Exkursion vorbereitet.

Die Entfernung zwischen Barnstaple und Bideford beträgt zehn Meilen, umgerechnet etwa sechzehn Kilometer. Es kann sein, dass das es früher mal eine bedeutende Bahnstrecke war. Heute ist es ein Radweg.

Unser Team startete in Bideford, die Briten um James May in Barnstaple. Die Bilder von der Strecke sahen aus, als würden sich riesenhafte Paparazzi um prominente Liliputaner drängen. Die schmalen Gleise zogen sich wie ein schwarzer Strich über den Asphalt; darauf fuhren die Züge, drum herum drängten sich Kameraleute, Beleuchter und Tontechniker.

Trotz Hybridantrieb war natürlich auch Strom nötig. Der kam aus Autobatterien, was bedeutete, dass man die schweren Bleikisten wieder von den Gleisen lösen und weiter nach vorn wuchten musste, um die Fahrt fortsetzen zu können. Das war eine ganz schöne Schinderei.

Zu den Modell-Lokomotiven, die die Briten einsetzten, gehörte eine LNER Class A3 4472 Flying Scotsman. Dieses Modell wurde in den zwanziger Jahren erbaut und verkehrte im wesentlichen zwischen London und Schottland. Die seitlich am Kessel der Lok angebrachten Rauchabweiser gelten in Großbritannien als typisch deutsch, weshalb die Lok wohl als besonders geeignet für dieses Rennen galt. Zudem hatte James wie erwähnt eine solche Lok schon als Kind besessen, was den Wettkampf noch weiter emotional auflud.

Wir traten unter anderem mit einer Dampflok der Reihe 58.30 an, die nach dem Zweiten Weltkrieg von der Deutschen Reichsbahn eingesetzt worden war. Da wir immer darauf bedacht sind, Rennen und ähnliche Ereignisse um neue Attraktionen zu bereichern, geschah es, dass der von uns im Vorfeld so angepriesene Sauerkraut-Antrieb mitten auf der Strecke explodierte und die Maschine ausfiel. Es gelang uns überzeugend, Überraschung und Entsetzen auszudrücken. Wer sagt, dass wir diese Explosion auch auf Knopfdruck auslösen konnten, hat keine Ahnung, wie Fernsehen heutzutage funktioniert. Dann kam eine Reservelok zum Einsatz.

Der britische Hybrid-Wasserstoff-Antrieb war in einer Lok versteckt worden, die Thomas, der kleinen Lokomotive, nachempfunden worden war. Allerdings ging im Laufe des Rennens ein großer Teil der Verkleidung dieses Triebwagens verloren, weil sich das ganze Konstrukt als etwas zu kopflastig erwies.

Die Wunderländer, die nicht mitfahren konnten – also die meisten –, verfolgten das Rennen via Kurznachrichten in Hamburg. Und alle jubelten, als unsere dritte Lok, ein Triebwagen der Baureihe 403 (auf Grund ihrer gelb-weißen Lackierung wird sie auch »Donald Duck« genannt), als erste die Ziellinie überfuhr.

Die Regeln waren klar: Eine unserer Lokomotiven hatte als erste das Ziel erreicht, wir hatten gewonnen. In diesem Glauben blieben wir bis zum Tag der Ausstrahlung. Dann erreichte uns ein Anruf. Um die Sendung spannender zu machen, musste sie umgeschnitten und das Reglement verändert werden. Nun galt: Wer drei Lokomotiven ins Ziel gebracht hatte, war der Sieger. Und das waren nun mal James May und seine Mannen.

Zwar hätten wir immer noch auf unseren Plan B (Elfmeter-schießen) bestehen können, aber wir wollten keine Spielverder-ber sein, bei der ganzen Sache ging es ja vor allem um den Spaß – also akzeptierten wir diese Lösung.

Trotz allem war es eine sehr spannende Erfahrung gewesen. Zum einen war die BBC-Produktion sehr aufwändig, bei der ganzen Sache kamen sogar zwei Hubschrauber zum Einsatz, die für spektakuläre Bilder sorgten. Nach der Erstausstrahlung in Großbritannien wurde die Sendung in 126 weitere Länder ver-kauft.

Die andere angenehme Erfahrung war, dass James May hinter der Kamera ein genauso entspannter und lockerer Typ war wie davor. Neben dieser Entspanntheit zeigte er aber auch so eine Detailversessenheit und Liebe zu seiner Arbeit, dass wir bei der gesamten Zusammenarbeit das Gefühl hatten, eine Art Bruder im Geiste getroffen zu haben. Das war natürlich noch mal zu-sätzlich angenehm. Und sein Partner Oz Clarke, den wir vorher überhaupt nicht kannten, war genauso witzig, sein Humor viel-leicht sogar noch eine Spur trockener.

Fest steht, dass James May in Großbritannien ein absoluter Superstar ist. Er wohnt im Londoner Stadtteil Hammersmith. Als wir ihn dort besuchten, gingen wir natürlich auch in einen gemütlichen Pub, und was wir auf dem Weg dorthin auf der Straße erlebten, habe ich noch nie vorher bei einem Prominen-ten gesehen. Egal wo wir hinkamen, überall gab es verstohlenes Räuspern und Tuscheln, Augenverdrehen und zaghaftes Gesti-kulieren à la: Ist das nicht … ? Und dieses Raunen hielt die ganze Zeit an, es wurde keinen Moment schwächer, im Gegenteil. Es war, als würde ein Überschalljet gerade in Superzeitlupe die Schallmauer durchbrechen, man befindet sich die ganze Zeit in dem (zugegebenermaßen sehr gedämpften) Lärmpegel. Und das bei den Engländern, die stolz auf ihre Zurückhaltung und Diskretion sind. Und noch mal Respekt für James May, dass er bei einer solchen Heldenverehrung beide Füße auf dem Boden behalten hat.

Eine weitere angenehme angelsächsische Erfahrung war die Begegnung mit dem TV-Moderator Paul Merton, der – so wurde uns gesagt – in Großbritannien in einer Liga spielt, in der man sich hierzulande höchstens Thomas Gottschalk vorstellen kann. Und damit ist selbstverständlich der *Wetten, dass ..?*-Thomas-Gottschalk gemeint, nicht der Thomas Gottschalk, der in verunglückten Vorabendshows seinen legendären Ruf leider etwas ramponierte.

Paul Merton wollte eigentlich nur eine Art Reiseführersendung über Hamburg machen, aber dann ist er im »Miniatur Wunderland« hängen geblieben. Der Beitrag über uns machte dann einen Großteil seiner Sendung aus. Wenn man diese Sendung in England im Fernsehen gesehen hatte, könnte man meinen, dass es in der guten alten Hansestadt nicht viel mehr als das »Miniatur Wunderland« gibt. Nicht, dass wir uns darüber beschweren würden, aber wir wissen natürlich, dass es nicht so ist.

Das große Zugrennen wurde am 12. Juni 2011 als siebte Folge der »Toy Stories« von James May ausgestrahlt. Wann Paul Mertons Reisebericht kam, weiß ich nicht mehr genau. Aber natürlich haben uns diese Sendungen in der angelsächsischen Welt sehr geholfen. Da wir – wie mittlerweile bekannt sein dürfte – große Statistikfreunde sind, war bald der Tag erreicht, an dem wir mit unseren Fernsehauftritten weltweit eine Milliarde Zuschauer verbuchen konnten. Das war ein schöner Erfolg und eigentlich nicht mehr zu toppen. Aber – es sollte tatsächlich noch besser kommen.

14. FREDERIK:

Der große Google-hupf

Google weiß zwar eine ganze Menge über die Welt und vermutlich auch über jeden Einzelnen von uns, aber wer sich hinter Google verbirgt, das wissen die wenigsten. Das ging uns lange Zeit nicht anders. Die ersten Kontakte hat unser Bruder Basti geknüpft. Und da muss man ihm ein ganz großes Kompliment machen, denn eigentlich kommt man an Google nicht ran. Die reden nur mit einem, wenn sie sich für ihn interessieren.

Nun haben wir den Vorteil, dass wir einen YouTube-Kanal haben, der nicht ganz erfolglos ist. Und YouTube gehört zu Google. Und wenn da was passiert auf deinem Kanal, dann werden auch die aufmerksam. So ergab sich eines Tages ein Kontakt, und bei einer Gelegenheit ließ Google durchblicken, dass sie gerne mal was mit uns zusammen machen wollten.

Aber was? Und wer genau bei Google? Das war nun Bastis Job. Auf der einen Seite war das toll. Er konnte nach London und Zürich fliegen und die legendären Google-Headquarters besichtigen, die genauso aussehen, wie immer wieder gemunkelt wird. Hochmoderne, ergonomische Einrichtung, gleichzeitig verspielt und chic. Drinnen die gefühlt brillantesten Köpfe unseres Jahrhunderts (okay, neben Gerrit), immer darauf erpicht, eine Lösung zu finden, die die Netzwelt völlig auf dem Kopf stellt. Und im Haus gibt es eben nicht nur die in Start-ups beliebten Kicker und Tischtennisplatten, sondern auch einen Dschungel mit echten Hängematten oder Häuser mit eingebauten Rutschbahnen, die man nehmen konnte, wenn es einem im Hausfahrstuhl zu eng wurde.

Das Essen und Trinken bei Google war selbstverständlich bio und vieles kostenlos. Die Betriebsrestaurants haben rund um die Uhr geöffnet. Wir überlegten, welche Formen der Zusammenarbeit für beide Seiten attraktiv sein könnten. Eine erste Idee ging eher Richtung Zeitreise, als würde man nicht nur durch die Gegenwart fahren können, sondern auch durchs Alte Rom (wenn man dazu Lust hatte). Das klang nach einer interessanten Idee, aber dafür waren wir nicht der richtige Partner. Zwar hatten wir einen Abschnitt Italien im Bau, aber der war eindeutig neuzeitlich geprägt. Allerdings hatte Basti sich inzwischen zu einer ganz eigenen Google-Suchmaschine entwickelt.

Er hat ein großes Talent dafür, Leute aufzuspüren, die mit uns auf einer Wellenlänge liegen und – das ist fast noch wichtiger – Entscheidungskompetenz haben. Die Zusammenarbeit mit Google war nicht unsere erste Kooperation mit einer großen Firma, aber bei den anderen Konzernen gab es meist ein mehrköpfiges Entscheidungsgremium und dazu noch eine Stabsabteilung, die den Chefs zuarbeitete und – zumindest in unseren Augen – die ganzen Prozesse unnötig verkomplizierte.

Bei Google war das ganz anders. Es war fast so – und das ist kein Witz – wie bei uns. Die Google-Menschen ließen ihren Leuten die Freiheit, das zu tun, was sie wollten, solange sie nur irgendwann am vereinbarten Ziel landeten. Da sie davon ausgingen, sowieso immer und überall die Besten zu beschäftigen, gingen sie auch sehr gelassen und entspannt mit allen Herausforderungen und komplizierten Situationen um.

Die entscheidende Gemeinsamkeit war aber die Verspieltheit. Nun wird es bei uns wohl eher nicht passieren, dass die Leute auf einer Rutsche durchs Haus sausen, aber der Denkansatz, Probleme eben auch spielerisch und mit Phantasie zu lösen, das war unübersehbar in beiden Firmen vorhanden.

Jetzt mussten wir nur noch ein gemeinsames Projekt finden. Und das kristallisierte sich heraus, als Basti einen guten Draht zu

Sven aufbaute. Sven arbeitete bei Google an 3-D- und 360°-Projekten. Vor mehr als zehn Jahren hatte Google bekanntermaßen damit begonnen, weltweit alle Straßen zu fotografieren und zu vermessen. Wann immer man über Street View las, vergaßen die Reporter nicht zu erwähnen, dass neben Autos, Booten und Flößen auch Kamele zum Einsatz kamen.

Nachdem nun die Welt in 2D vermessen worden war, wollte Google in die dritte Dimension vorstoßen. Jeder Mensch auf der Welt sollte, wenn er Lust dazu hatte, an jedem Ort der Welt sein können. Kurzes Badminton Match auf dem Rasen des Weißen Hauses? Teepause in der Downing Street? Alles kein Problem, zumindest virtuell.

Sven geht nicht davon aus, dass diese neue virtuelle Dimension das Reisen ganz ablösen wird, aber zumindest die Vorbereitung sollte damit vereinfacht werden. Und wer mal eine kurze Auszeit vom Alltag braucht, für den lohnt sich das auch. Kann ja nicht immer »Miniatur Wunderland« sein.

Bevor Sven bei uns aufschlug, war er auf dem Mount Everest gewesen, den er auch in 3D- und Rundum-Bildern vermessen hatte. War der Mount Everest nun vor allem sehr hoch, war bei uns alles sehr, sehr klein. Es mussten ja nicht nur Kameras miniaturisiert, sondern auch auf die Waggons und Lkw montiert werden. Und zwar so, dass sie problemlos unter all unseren Brücken hindurchfahren konnten.

Um die Verkleinerung der Kameras kümmerte sich dann Ubilabs. Und da zu diesem Thema dann auch später im Netz so einige Kommentare kamen, etwa mit dem Tenor: »Höhö, die haben einfach ein paar Kodak-Kameras modifiziert und auf ihre Züge gesetzt. Da ist doch nichts dabei.« Nur eine kleine Anmerkung: Das Problem waren nicht die Kameras. Das Problem war, die 360°-Software so klein zu kriegen, dass sie in unserem kleinen Wunderland genauso exakt arbeitete wie bei Google Street View in der realen Welt.

Bei unserer Projektgruppe – wenn man das mal so nennen will – haben beide Seiten ihr Wissen und ihre Erfahrung in die Waagschale geworfen. Geld floss weder in die eine noch in die andere Richtung. Google schickte die Ingenieure, wir lieferten die Story und den Set. Allein hätten wir so ein Projekt nicht stemmen können.

Die erste Begegnung war in der Tat bemerkenswert. Da traf also unser Team, das ja in vielerlei Hinsicht eine bunt zusammengewürfelte Truppe ist, auf eine Gruppe von Leuten, die derzeit in der IT-Welt die Crème de la Crème darstellen dürften. Jetzt kann ich es ja sagen, dass da einigen von uns ganz schön mulmig wurde. Würden wir überhaupt verstehen, was die meinen, wenn die reden? Oder, wenn es ganz hart kommt, haben die vielleicht schon Algorithmen, mit denen sie genau ahnen, was wir sagen wollen?

Doch schon nach den ersten Minuten war das Eis gebrochen. Das »Miniatur Wunderland« war zwar keine Weltfirma, aber mittlerweile schon so etwas wie weltbekannt, wenngleich kein Vergleich mit Google und Konsorten. Aber unabhängig von den Dimensionen der Unternehmen, entdeckten wir sehr bald eine verblüffende Geistesverwandtschaft. Die Google-Ingenieure waren genauso verspielt, genauso unorthodox wie unser Team. Und allein das machte die Zusammenarbeit zu einer einzigartigen Angelegenheit. Sven hat noch heute auf seinem Linked-In-Profilfoto eine Erinnerung an die Zeit der Zusammenarbeit mit uns. Auf dem Foto steht er vor einem unserer Berge und hält lächelnd ein Miniatur-Auto in die Höhe. Es spricht also einiges dafür, dass die Begeisterung durchaus gegenseitig war. Zumindest hat Sven in Interviews nach unserem Projekt erzählt, dass ihn in seiner Laufbahn vor allem zwei Dinge beeindruckt haben: Die Kraxelei auf den Mount Everest und die Reise in unsere kleine Welt.

Dreißig Nächte lang wurde gedreht. Das Material musste

dann noch ein halbes Jahr gerendert werden. Eine lange Zeit, denn wir konnten es kaum erwarten zu sehen, was entstehen kann, wenn Google sich das aus ihrer Sicht kleine »Miniatur Wunderland« auswählt und mit voller Kraft und Emotion ein Street View der besonderen Art erstellt.

Im Januar 2016 kam der große Aufschlag.

Die Werbewirkung war gigantisch. Plötzlich waren wir auf allen Kontinenten präsent, wie wir es alleine nie geschafft hätten. Sogar in Neuseeland und Indonesien. Wer sich das jetzt noch angucken will, sollte einfach mal bei Google »*explore miniature wonderland*« eingeben. Es funktioniert sowohl mit dem Handy als auch mit dem Computer. Aber mit einer Google Cardboard wird es schlicht gigantisch. Man kann einen 360°-Grad-Blick ins »Miniatur Wunderland« werfen, allerdings noch ohne echtes 3D. Das war bei den kleinen Kameras noch nicht möglich. Aber eine gewisse räumliche Dimension gibt es schon. Das war jedoch noch nicht alles. Einen Monat später informierte uns Google, dass wir für den berühmten Webby Award nominiert sind. Sozusagen der Oscar des Internets. Die höchste Auszeichnung für Werbung oder Aktionen im Internet. Und es kam, wie es für uns kaum zu erträumen war: Google, Ubilabs und das »Wunderland« gewannen ihn zusammen in der Kategorie »Tourism & Leisure«. Und weil er es so großartig hinbekommen hat, saßen nicht Gerrit und ich in New York bei der großen Preisverleihung, sondern Basti. Voller Gänsehaut schilderte er uns später seine Eindrücke dieser schillernden Nacht der Preisverleihung für den größten Marketingerfolg unserer jungen Geschichte.

Also, es war für uns eine sehr, sehr interessante und lohnende Zusammenarbeit.

Bei all den Gemeinsamkeiten gab es aber einen entscheidenden Unterschied zwischen unseren Unternehmen. Und zwar nicht nur den, dass Google ein Weltkonzern ist und wir eine kleine

Hamburger Spielbude. Laut Fachmagazin CHIP zahlt Google in Deutschland drei Prozent Steuern. Das ist bei uns schon ein bisschen mehr und sollte bei Konzernen wie Amazon, Apple, Facebook oder halt auch Google mal etwas mehr werden.

15. GERRIT:

Ein Blick in die Welt

Wir waren zehn Jahre lang Party-People par excellence. Von Politik wussten wir, dass es sie gab. Uns war auch klar, dass sie uns in irgendeiner Form tangiert, aber letztlich hat sie uns nicht wirklich interessiert. Maximal in einer Form, wie es vielleicht die Hälfte der Deutschen interessiert. Das »Miniatur Wunderland« hat das alles verändert, ja in manchen Punkten geradezu auf den Kopf gestellt.

Am Anfang hat uns das selbst überrascht, aber eigentlich ist das ganz logisch. Wenn man eine Welt baut – und sei sie noch so klein –, muss man Entscheidungen treffen. Was von der realen Welt nehme ich mit rein und wenn ja, wie stelle ich es dar? Und je intensiver man sich mit einem Thema beschäftigt, desto mehr brennt es einem unter den Nägeln.

Der zweite Grund, warum dieses Thema für uns wichtiger geworden ist, ist unser eigener »Aufstieg«, wenn man so will. Das ist die Kehrseite des Erfolges. Die Stadt nimmt einen als Standortfaktor wahr. Plötzlich wird man zu Galas eingeladen und spricht auch mal vor der Handelskammer.

Der dritte Grund sind natürlich die Kinder. Ich hatte eher Kinder als Frederik, deshalb habe ich auch eher über diese Themen nachgedacht: Was wird uns die Zukunft bringen? Welche Welt wollen wir unseren Kindern hinterlassen? Und selbst auf die Gefahr hin, dass ich jetzt recht miesepetrig rüberkomme: Es gibt eine ganze Menge, was mir nicht gefällt. Und manchmal lässt sich nicht leugnen, dass ich selbst ein Teil der Dinge bin, die mir nicht gefallen. Das ärgert mich dann noch mehr.

Wir sind wirtschaftlich recht erfolgreich, aber dennoch bin ich der Meinung, dass in unserem globalen Wirtschaftssystem so einiges aus den Fugen gerät. Die Welt muss dringend fairer werden!

Mich stört, welche Macht die großen Datensammler haben, aber natürlich arbeiten wir mit ihnen zusammen, teils weil es gar keine Alternative dazu gibt (wir könnten das »Miniatur Wunderland« natürlich auch beispielsweise bei MySpace anpreisen, das wäre sicherlich ein gigantischer Erfolg, oder?). Wir sind ein Freizeitunternehmen und müssen die Leute dort erreichen, wo sie sich aufhalten. Wobei ich kein Datenparanoiker bin, aber ich finde, dass egal wohin man schaut, die Kreativität mehr und mehr auf dem Rückzug ist. Und wenn die Phantasien und Träume immer weiter verkümmern, dann werden auf der Erde immer mehr Menschen leben, denen Veränderung nur Angst und noch mehr Angst macht. Und in so einer Welt will ich nicht leben.

Ich habe kein Problem damit, wenn jemand mich ob meiner in diesem Kapitel folgenden Meinung oder gar meines Schaffens belächeln sollte: Du bist ein erwachsener Mann, bald ein halbes Jahrhundert alt und verdienst deinen Lebensunterhalt damit, dass du Spielzeugeisenbahnen und Miniaturautos über eine Modellanlage fahren lässt. Ich weiß ja, dass mehr dahintersteckt. Es gibt Dutzende Anlagen, die keinen Menschen interessieren.

Aber bei uns funktioniert es. Wir sind überzeugt, dass dies nur daran liegt, weil die Bahnen bei uns nur ein Mittel zum Zweck sind. Genau genommen stehen sie sogar im Hintergrund. Was das »Miniatur Wunderland« so lebendig macht, ist die Essenz der Spiele, die wir als Kinder gespielt haben. Die Phantasiewelten, die wir uns damals schufen. Und die auch über weite Strecken nur in unserer Phantasie existierten. Wo soll Phantasie – und ihre Schwester, die Kreativität – sich heute ausbilden, wenn es für alles schon eine App gibt und aufgrund der alltäglich gewordenen Datenerfassung jeder Server weiß, wo man morgen hingeht. Wenn Google schon heute die Modefarben des nächsten Sommers kennt und – by the way – sie uns auch schon unterschwellig präsentiert werden. Das ist eine selbsterfüllende Prophezeiung und führt zwangsläufig dazu, dass wir aufhören, kreativ und unabhängig zu sein. Das Leben ist doch vor allem durch seine Überraschungen lebendig! Wenn wir online aber immer nur noch das präsentiert bekommen, was wir vermeintlich wünschen und somit kaufen, dann entwickeln wir uns sehr einseitig. Und das »Wunderland« überrascht!

Deshalb will ich, dass die Leute sich mit ihren Bedürfnissen beschäftigen. Sie sollen erkennen, was sie wirklich brauchen, und dann dazu eine Haltung entwickeln. Egal welche, Hauptsache, eine.

Wir haben eine Kundenzufriedenheit von 98 Prozent. Das ist ziemlich gut. Aber warum ist sie so groß? Es mag kompliziert zu erklären sein, aber im Prinzip ist es ganz einfach.

Das »Miniatur Wunderland« nimmt die Realität und verändert sie. Einer unserer wunderbaren Wunderländer sagte mal in einer NDR-Reportage einen ganz besonderen Satz: »Es ist für mich ein bisschen so, als ob ich Gott spielen darf.« Damit hat er den Nagel auf den Kopf getroffen. Bei uns herrschen immer 22 Grad, das ganze Jahr – so etwas würde ich mir auch manchmal für Hamburg wünschen. Und Regen gibt es auf der Anlage auch nicht. Das ist ja nun etwas, was es in Hamburg, sagen wir mal, ausreichend gibt. Wobei ich mir da selbst widerspreche, wenn ich ein paar Sätze vorher noch von den Überraschungen im Leben spreche und das Wetter sehr überraschend sein kann, wenn man es so lässt, wie es ist.

Wer zu uns kommt, kommt rein. Ohne Wenn und Aber. Ist es zu voll, muss man eventuell warten und ja, auch mal sehr lange (obwohl wir auch das vermeiden wollen). Aber wir schicken niemanden weg. Und wir nehmen die Beträge an Eintritt, die wir zum Leben und Weiterbau brauchen. Vergleichbare Ausstellungen in der Welt verlangen gut das Doppelte. Und wer dann im Wunderland drin ist, der wird zum Kind. Egal wie alt er ist. Und Kinder sind glücklich. Oder besser gesagt: Kinder können glücklich sein, egal wie vertrackt die Umstände sein mögen. Nur verlieren wir das Kind in uns, je älter wir werden. Vielleicht vergessen wir es auch viel zu oft. Dann ist das »Miniatur Wunderland« eine gute Gedächtnisstütze.

Wer im »Miniatur Wunderland« steht und die ganzen Panoramen überblickt, die vielen kleinen Männlein und Weiblein mit ihren Problemen, der merkt auf einmal, wie klein die eigenen Sorgen werden können. Wie oft haben Menschen in ihrem Leben das Gefühl: Ich bin so klein, und meine Sorgen sind so groß. Im »Miniatur Wunderland« ist es genau umgekehrt. Und der Besucher sieht eine Welt, die funktioniert. Das heißt nicht, dass diese Welt perfekt sein muss. Im Gegenteil. Unfälle im »Miniatur Wunderland« ziehen fast genauso viele Gaffer an wie im richtigen, echten Leben. Aber hier ist alles überschaubar, kontrollierbar.

Aber die Gäste treffen nicht nur auf eine kleine Welt, in der alles geregelt zu sein scheint. Nein, auch die richtigen Menschen im Speicher scheinen in einer Wunderwelt zu leben. Denn sie sind freundlich und haben einen Job, der ihnen Spaß macht. All das trägt zum Flair bei.

Und last but not least haben wir eine Lektion aus unseren ersten Partytagen so verinnerlicht, dass wir sie vermutlich bis ans Ende unserer Tage nicht vergessen werden: Wir nehmen unsere Gäste ernst. Das zeigt sich nicht nur in den Getränken, die wir bei zu langen Warteschlangen ausgeben. Das zeigt sich auch bei der Preisgestaltung. Frederik, der – wenn es drauf ankommt – ein verschlagener Bockwurstpromoter sein kann, würde bei uns im Haus einen Preis nur erhöhen, wenn er recherchiert hat, wie sich die Preisentwicklung im ganzen Land gestaltet. Und selbst da versucht er immer noch, im unteren Drittel zu bleiben. Unser Ziel ist erreicht, wenn der Besucher sich als willkommener Gast fühlt, wenn er im Jetzt versinkt und sich nicht als Kunde eines Unternehmens umworben, abgefertigt oder gar ausgenutzt fühlt.

Wir haben das »Wunderland« so offen gestaltet, dass die Leute auch so oft wie möglich einen Blick hinter die Kulissen werfen können. Das ist natürlich ein Streitpunkt. Wie weit treibt man die Illusion? Für ganz kleine Kinder könnte es eine Enttäuschung sein zu entdecken, dass die kleinen Wesen auf der Anlage mit ihren Autos und Maschinen doch kein Eigenleben haben. Bei allen anderen dürfte die Faszination eher steigen, wenn sie sehen, was hinter den Kulissen alles notwendig ist, um den Betrieb am Laufen zu halten.

Aber Tatsache ist auch, wenn man eine so große Kundenzufriedenheit erreicht, sollte man sich bei allen brisanten Themen eher zurückhalten. Schließlich kommen zu uns Besucher aus allen Gegenden und sozialen Schichten. Egal wie wir uns positionieren – irgendjemanden würden wir immer vor den Kopf stoßen. Und das wäre vermutlich schlecht für unser »Wunderland«.

Aber uns bewegen halt auch unsere Gedanken zu aktuellen Themen in der realen Welt. Und als uns das alles zusammen so richtig klar geworden ist, haben wir in unserer Montagsrunde, die seit ewigen Zeiten am Mittwoch stattfindet und unser Kreativmeeting ist, vorgeschlagen, mal was zur Bundestagswahl zu machen. Das haben wir dann durchgezogen. Zweimal, 2009 und 2013. Auslöser waren unsere Gedanken über die ständig sinkende Wahlbeteiligung. Wir glauben zwar, bei allen »handelsüblichen« Parteien ungefähr zu wissen, wofür sie stehen, aber keiner von uns hat doch eine wirkliche Ahnung, was die Parteien tatsächlich wollen. Es gibt zwar jede Menge Parolen, aber den Politikern geht es doch um die Wiederwahl und nicht wirklich um das pure Wohl des Volkes. Und es soll jetzt niemand mit Parteiprogrammen kommen, denn die liest sowieso keiner.

Nun kam uns die Idee, jeder im Bundestag vertretenen Partei einen Quadratmeter »Wunderland« zu geben mit der Vorgabe, darzustellen, wie Deutschland aussehen würde, wären sie allein an der Regierung. Und zwar getreu ihrem Wahlprogramm. Ziel war es, aus Blablabla greifbare Bilder zu erzeugen.

Jede Partei kriegt einen Wunderländer als Modellbauer zur Seite gestellt, und dann geht es los.

Wir hatten eine originelle Idee entwickelt und trauten uns damit an die Öffentlichkeit. Mit einer großen Portion Vorfreude, aber auch schlichter Angst verschickten wir einen offenen Brief an alle im Bundestag vertretenen Parteien. Vorfreude auf die Reaktionen und Angst vor den Reaktionen. Kommen überhaupt welche? Was machen wir, wenn sich keine Partei meldet? Oder nur die Hälfte, dann wäre es irgendwie sinnlos. Im Nachhinein war es eigentlich schon richtig frech von uns zu glauben, dass alle fünf Parteien reagieren würden. Aber es kam so, alle Parteien machten mit, wobei es beim ersten Mal allerdings noch gewisse Abstufungen im Enthusiasmus gab. Und es entstand ein kleines Problem, denn wir mussten plötzlich sechs Modelle bauen. Die CSU rief aus München an und bat darum, ein eigenes Modell mit uns bauen zu dürfen. Losgelöst von der großen Schwester CDU. Beim zweiten Mal, im Jahr 2013, waren die Parteien besser vorbereitet. Und weil man auf den Parzellen jetzt tatsächlich plastisch sehen konnte, wofür sie jeweils stehen, haben wir im »Miniatur Wunderland« auch Wahlen abgehalten, deren Ergebnisse sich von denen der letzten Bundestagswahlen erheblich unterschieden. Woraus man zwei Dinge schließen könnte: Entweder ist unser Publikum doch nicht so repräsentativ, wie wir dachten, oder die Leute wählen anders, wenn sie wirklich wissen, wofür eine Partei steht.

Nun habe ich wenig Interesse daran, mich hier parteipolitisch zu positionieren, aber imponiert hat mir – und das kann ich sagen, weil ich schon geographisch als Wähler dieser Partei nicht infrage komme – die Parzelle der CSU. Ob ihre Idee, einen baye-rischen Maibaum auf das Brandenburger Tor zu pflanzen, in der Hauptstadt wirklich mehrheitsfähig wäre, wage ich zu bezwei-feln, aber zumindest war das Programm: mehr Bayern in Berlin.

2017 zur Bundestagswahl haben wir unser Utopia-Projekt nach 2009 und 2013 nicht noch mal aufgelegt. Nun stellt sich die Frage nach dem Warum, aber die Probleme gingen ja schon mit der Auswahl der Parteien los. Wieder nur auf die im Bun-destag vertretenen beschränkt, wären mit der FDP und der AfD zwei Parteien draußen geblieben, die ungefähr zwanzig Prozent der Wähler stellten. Das wäre eine mehr als heftige Wettbe-werbsverzerrung geworden. Hätten wir sie mit reingenommen, würden womöglich auch andere außerparlamentarische Parteien den Wunsch anmelden, und das Ganze wäre immer komplexer und verworrener geworden.

Außerdem entspricht es momentan dem Zeitgeist, dass viele Menschen eher durch Ängste und Sorgen getrieben werden, als sich frei und offen mit bestimmten politischen Themen zu be-schäftigen. Ganz ehrlich, wir hatten auch keine Lust, nur Land-schaften darzustellen, die sich auf unterschiedliche Weise mit Flüchtlingen beschäftigen … Aber wir haben sehr lange mit uns gerungen und uns dieses Mal dem Thema »Erhöhen der Wahl-beteiligung« verschrieben, statt auch beim 2017er Wahlkampf wieder Modelle zu bauen.

Und wir stehen mit dem Zeitgeist auf vertrauterem Fuße als viele andere. Manchmal denke ich, wir könnten im Zweitjob auch ein Meinungsforschungsinstitut betreiben. Denn wie die Stimmung im Lande ist, können wir sehr gut an unseren Be-sucherzahlen erkennen. Ganz besonders gilt das bei traurigen Anlässen wie Attentaten oder Katastrophen. Wir sehen sofort, in welcher Gegend die Stimmung am heftigsten nach unten geht, und können ziemlich genau voraussagen, wann sie sich wieder erholt haben wird. Und das sind für unsere Branche schon ernstzunehmende Bedrohungen. In Paris sind nach den Terroranschlägen die Touristenbesuche um ein Drittel zurückgegangen.

Aber eines der wichtigsten Zeitgeist-Themen, das uns 2017 umtrieb, war natürlich die Wahl Donald Trumps zum Präsidenten der Vereinigten Staaten von Amerika. Und manchmal hat man halt Lust, sich so richtig in die Nesseln zu setzen. Also haben wir in unserem Amerika-Abschnitt eine Mauer um Amerika gebaut und davor den Slogan platziert »*Let the World be Great Again*«. Uns war klar, dass viele darunter die Mexiko-Mauer verstehen würden, und wir wollten den Leuten auch ein starkes Bild davon vor die Nase halten, wie es aussieht, wenn ein Land sich isoliert. Wenn die Menschen dann nachdenken und daraus eine Haltung entwickeln, ist unser Wunsch erfüllt. Das war sicherlich nicht besonders subtil, aber mit feingeklöppelten Formulierungen kann man bei Trump vermutlich sowieso wenig erreichen. Unsere amerikanischen Facebook-Follower – nicht alle, aber mehrere Hundert – waren auch ganz schön, sagen wir mal, verstört und wollten fortan nichts mehr mit uns zu tun haben.

Man muss davon ausgehen, dass man es sich bei derlei Positionierungen mit einer vielleicht gar nicht mal so kleinen Anzahl von Leuten verscherzt, aber manchmal muss es eben raus. Und wie Frederik dazu mal so treffend sagte: Lieber verliere ich ein Prozent meiner Gäste, als meine Seele! Es hat keinen Sinn, alles in sich hineinzufressen. Jeden Ärger, jeden Kummer, jede Enttäuschung. Wer wüsste das – bei unserer Familiengeschichte – besser als wir?

Wenn man anfängt, auch öffentlich zu seiner Haltung zu stehen, dann muss man aber auch lernen, mit Kritik und sogar Anfeindungen umzugehen. In der letzten Zeit werde ich oft als »linke Zecke« verunglimpft. Aber das prallt mittlerweile von mir ab, eher nutze ich es dann, um meinen Wunsch nach einer gerechteren Welt Nachdruck zu verleihen. Zum Beispiel mit einer solchen Veröffentlichung:

»*Ich bin in den letzten Wochen oft als linke Zecke beschimpft worden.*

Wann ist denn jemand eine linke Zecke?

Bin ich es, weil ich für humanistische Werte eintrete?

Weil ich für eine gerechtere Umverteilung national wie international bin?

Weil ich auch gegen Flüchtlingsströme bin? Diese aber dadurch bekämpfen möchte, indem man versucht, die Menschen in ihrer Heimat nicht für unseren Reichtum auszubeuten, sondern ihnen eine Grundlage bietet, um in ihrer Heimat zufrieden bleiben zu wollen.

Weil ich für die soziale Marktwirtschaft bin und gegen entfesselten, deregulierten, von entmenschlichten Großkonzernen dominierten Kapitalismus, und von Menschen geführte Betriebe stärken möchte?

Weil mich nach Macht strebende Menschen erschrecken? Besonders wenn sie versuchen, diese Macht mit Angst und Nationalismus zu erlangen.

Weil ich also jemand bin, der sich für jeden Menschen ein zufriedenes Leben ohne Existenzängste wünscht?

Diese Menschen, die mich als linke Zecke beschimpfen, möchte ich einladen, sich mal zurückzulehnen und das oben Geschriebene in sich einzuatmen ... und dann zu schauen, ob tief in ihnen nicht auch eine solche linke Zecke steckt ... so wie in mir ...

Ach so, und Achtung! Linke Zecken sind gefährlich ... Und ihr Biss kann Weltbilder nachhaltig verändern.«

Bei dem Getöse und Gezeter, das natürlich auch auf diese Veröffentlichung folgte, und den ganzen Diskussionen, die stets mit schnell aufflackernder Heftigkeit zu einem aktuellen Thema geführt werden und dann doch wieder ganz schnell im Nirgendwo versanden, da ist es doch ganz schön, wenn man in Krisen ganz direkt und spürbar helfen kann.

Das Erdbeben in Haiti 2010 hat uns mindestens ebenso erschüttert wie das Beben die Insel selbst. Wir kennen die Karibik sehr gut, haben dort einige persönliche Bindungen, und als wir die Menschen in ihrer Not sahen, haben wir uns sofort an unsere Aktion 2007 erinnert. Im Schweiz-Abschnitt hatten wir einen Phantasie-Ort gebaut, den wir auf die Schnelle Benefizia getauft hatten. Wie ein Bürgermeister haben wir dort fünf Baugrundstücke ausgeschrieben, die wir auf ebay versteigert haben. Eine Ecke war als Gewerbegebiet ausgeschrieben, eine andere als Wohnviertel, es gab auch eine richtige Flurkarte mit Baurichtlinien und allen Schikanen. Bei der Versteigerung kamen über 30 000 Euro rein. Zumindest zu diesem Zeitpunkt befand sich auf dem »Miniatur Wunderland« das teuerste Baugrundstück der Welt. Ein Spediteur, der für einen Flecken »Miniatur Wunderland« mehr als 10 000 Euro gezahlt hatte, schmiss auf seinem neuen Grundstück gleich eine LAN-Party (fragen Sie mich nicht, wie). Diese tolle Aktion wiederholten wir für Haiti, indem wir unter anderem einen Berg versteigerten und Namensrechte vergaben. Insgesamt kamen über 70 000 Euro zusammen. Frederik und Basti sind dann auf eigene Kosten nach Haiti geflogen. Die 70 000 Euro haben immerhin für das Dach eines Krankenhauses gereicht. Aber was Frederik und Basti gesehen und erzählt haben, das ging uns nicht mehr aus dem Sinn. Und wenn Frederik sich etwas in den Kopf gesetzt hat, dann steuert er stur und unbeirrt wie ein Spürhund auf das Ziel zu. Und wie immer beherrscht er meisterhaft die Kunst, sein persönliches Anliegen mit dem Gemeinwohl zu verbinden.

Frederiks Lieblingsfilm war damals *Avatar*, der aber seit geraumer Zeit nicht mehr im Kino lief. Aber Frederik wollte ihn gern mal wieder in 3D sehen. Also hat er das Cinemaxx kontaktiert und den Film für drei Benefiz-Vorführungen beim Verleih geholt. Natürlich hat er dafür gesorgt, dass alle Beteiligten ihren Teil für die gute Sache leisteten. Am Ende kamen nochmal über 20000 Euro für Haiti zusammen, mit denen wir eine ganz kleine Holzschule mitten in den Bergen bauen ließen, die dank unserer Hilfe den Betrieb aufnehmen konnte. Diese Aktion hat zwar nicht direkt mit dem »Miniatur Wunderland« zu tun, aber sie zeigt, wie mein Bruder drauf ist, wenn ihm was auf dem Herzen liegt. Und ich bin da immer ganz bei ihm. Falls jemand es jetzt merkwürdig findet, dass zwei Brüder, deren schulische Bilanz doch eher durchwachsen ist, ausgerechnet in der Karibik Schulen bauen, sei dem gesagt, dass ich im Laufe der Jahre auch zu dem Schulthema eine andere Meinung entwickelt habe.

Ich finde, Kinder werden in der Schule zu wenig auf das Leben vorbereitet. Das Einhämmern von Grundwissen erscheint wichtiger. Und ich bin mir sicher, dass der wichtigste Schritt, unsere Welt zu verbessern, wäre, wenn die Menschen glücklicher wären, zufriedener mit sich selbst. Wenn wir uns selbst mehr schätzen würden. Manchmal träume ich. Dann würde ich in den Schulen das Fach »Glück« einführen. Drei Wochenstunden. Dabei sollten die Schüler Folgendes lernen: Wie man glücklich und zufrieden wird. Und dass es dafür wichtig ist, sich selbst kennenzulernen, sich zu schätzen, sich zu verzeihen. Dass Träume und Ängste einen Sinn haben und ein Signal für eines der wichtigsten Dinge im Leben sind: Lerne deine Bedürfnisse kennen und übernehme Verantwortung für dich selbst. Lerne Empathie, zum Beispiel zu verstehen, warum deine Eltern manchmal genervt sind und das Kind selbst selten die Ursache dafür ist. Lerne im Jetzt zu sein. Lerne Misserfolge nicht zu verurteilen, sondern die Chance, die sich in jeder Situation verbirgt, zu erkennen. Und vieles, vieles mehr. Das hat natürlich sehr viel mit sozialer Kompetenz zu tun. Und genau das finde ich wichtiger als den ganzen Daten- und Faktenwust, den man derzeit noch viel zu oft in sich hineinschaufeln muss. Für mich kommt immer zuerst der Mensch. Vor allem sollten die Schüler das Lernen lieben lernen:

Was ist das? Interessiert mich das? Und wo kann ich mehr erfahren? Das reicht. Und wenn jemand jetzt denkt, unsere Exporte würden dann mangels motivierter Fachkräfte zurückgehen, was ich nicht glaube, dann gibt's hier noch den Tipp: Wenn man richtig viel Glück produziert, könnte man es vielleicht sogar exportieren. Das steckt nämlich an.

Wenn man mich nach der ganzen Kritik an der Finanzwelt usw. fragen würde, welche Partei ich wählen würde, dann traue ich mich hier an privater, wunderlandferner Stelle zu sagen: Keine Partei vertritt für mich bislang in ausreichendem Maße meine Meinung:

Ich würde eine Partei wählen, die (besonders im Bildungsbereich) den Menschen und seine Bedürfnisse in den Vordergrund stellt, die für die Einführung einer Finanztransaktionssteuer ist und mit deren Einnahmen ein bedingungsloses Grundeinkommen für alle finanzieren möchte. Und dies am besten für die ganze Welt anstrebt, anders geht das in unserer globalisierten Welt nicht. Daraus ergibt sich automatisch auch ein Befürworten der EU, denn nationalistisch sein, heißt konservativ sein, und das heißt wiederum nichts anderes, als die Veränderungen in der Welt zu leugnen.

16. FREDERIK:

Was ich mir leiste

Auch 2014 bin ich mit Johanna wieder an Weihnachten in die Kirche gegangen. Dort wurde – wie meist um diese Jahreszeit – an die Kinder Schokolade verteilt. Draußen vor der Kirche stand eine Roma-Familie, deren Kinder um Schokolade bettelten. Unsere Zwillinge waren damals etwa ein halbes Jahr alt. Es würde hoffentlich noch ein Weilchen dauern, bis sie die Schokolade tatsächlich zu schätzen wüssten. Die Kinder der Roma-Familie dürften zwischen sechs und acht Jahren alt gewesen sein. Denen habe ich dann die Schokolade in die Hand gedrückt. Als ich sah, wie dankbar die mich darauf anblicken, war ich geschockt. Wie traurig muss ein Leben sein, wenn einem eine kleine Tafel Schokolade schon wie eine Offenbarung vorkommt? Und wie verdammt gut geht es uns. Die nächsten Stunden bekam ich das nicht mehr aus dem Kopf, und wenn sich so etwas erst mal bei mir verankert, fange ich automatisch an zu überlegen, was ich kleines Licht dazu beitragen kann, diese Welt ein bisschen heller zu machen. Und dann kam mir die Idee, Menschen, die sich das nicht leisten können, einfach mal kompromisslos ins »Wunderland« einzuladen. Wir haben immer schon fast jeder Anfrage von sozialen Einrichtungen nach Freikarten entsprochen, aber jetzt sollte es mehr sein.

Ich mag es nicht, wenn zwischen Idee und Umsetzung mehr Zeit als nötig vergeht. Ich bin so ziemlich das ungeduldigste Wesen auf der Welt. Also bin ich sofort zu Gerrit gerannt und habe ihm von der Idee erzählt, im etwas ruhigen Januar an 14 ausgewählten Terminen alle Menschen ohne Nachweis umsonst ins »Wunderland« zu lassen, wenn sie an der Kasse sagen »Ich kann mir das nicht leisten!«.

Ich hätte mich nicht gewundert, wenn eine ähnliche Antwort gekommen wäre, wie damals bei meinem magischen Anruf aus Zürich. So zumindest sah sein Gesichtsausdruck aus. Aber es kam anders. Er war begeistert. Genau wie ich hatte auch er eine große Portion Respekt, aber er wollte es auch sofort machen. Der Januar ist ein eher ruhiger Monat, also hatte ich für diesen Monat 14 Termine gekennzeichnet, an denen Leute, die es sich nicht leisten konnten, kostenlos ins »Miniatur Wunderland« kommen konnten. Wenn sie diesen einen Satz sagten. Ich brauche hier wohl nicht zu erwähnen, wie viele »Wunderländer« auf diese Idee überaus skeptisch reagierten. Wir hatten etwas Ähnliches auch schon früher gemacht. Jedes Jahr im Dezember lassen wir z. B. alle Kindergärten gratis rein. Ursprünglich mal als Aktion für sozial schwache Kitas gedacht, haben wir die Aktion schon bald auf alle Kindergärten ausgeweitet, weil wir schlicht nicht wollten, dass irgendwo eine Grenze definiert werden musste. Da ist es dann brechend voll und ein wahnsinniges Geschrei auf der Anlage. Aber die Atmosphäre ist einfach toll. Kinder tauchen so vollkommen ins »Wunderland« ein. Es sei denn, sie gehören der Altersgruppe von 14 bis 21 Jahren an, bei der sind wir natürlich nicht ganz so angesagt. Mancher Sechzehnjährige hat auch schon mal eine Figur weggeschnippt. Weil er das zwar nicht so cool fand, aber dachte, seine Kumpels fänden ihn dann cool. Und am Wochenende war er dann wieder da – mit seinen Eltern.

All jenen, die jetzt glauben, dass unsere Januar-Idee doch nur ein billiger Publicity-Stunt war, möchte ich sagen, dass wir für diese Kampagne keinen Rummel gemacht haben. Wir haben es nur auf Facebook gepostet, weiter nix. Denn irgendwie muss die Information ja auch die Menschen erreichen. Allerdings waren wir mega nervös, als wir diese Aktion im Januar 2015 zum ersten Mal posteten. Was passiert gleich? Gibt es einen Shitstorm? Oder jubeln alle laut? Oder passiert vielleicht gar nichts, weil wir schon alle so abgestumpft sind? Bei Facebook ging es sofort ab wie Schmidts Katze! Das Echo in den Kommentarspalten war riesig. Tausende Kommentare in wenigen Stunden. Etwa die Hälfte meinte allerdings: »Was seid ihr denn für Idioten? Ihr werdet nur ausgenutzt werden.« Die andere Hälfte sagte: »Ihr seid so toll.« Oder eine Mischung von beidem: »Ihr seid so liebevolle Idioten!«

Mit großer Spannung warteten wir auf den ersten Termin. Und was dann an den 14 Tagen im Kassenbereich passierte, ist mit Worten kaum zu beschreiben. Jeden Tag wurden es mehr. Die Aktion sprach sich wie ein Lauffeuer herum. Es gab unfassbar anrührende Szenen. Viele Tränen. Mütter mit Kindern, tief bewegt. Eine Mutter hatte Tränen in den Augen, als sie mir schilderte, dass ihr Sohn sich zu Weihnachten nur einen Besuch im »Wunderland« gewünscht hatte, sie das Eintrittsgeld aber nicht aufbringen konnte. Neben ihr stand ein so unglaublich süßer Junge, der ebenfalls mit Tränen in den Augen entzückt lächelte. Es haut einen schlicht um. Es ist so emotional, etwas Gutes zu tun. Und wenn es nur der Eintritt zum »Wunderland« ist, den man schenkt.

Es gab auch Beispiele, bei denen Leute nicht wirklich so aussahen, als könnten sie es sich nicht leisten. Darunter zwei Schweizer in feinstem Zwirn. Unsere Leute an der Kasse waren zunächst ungehalten. Sollen wir die wirklich reinlassen? Klar, wenn sie ihr Sprüchlein aufsagen, kommen sie rein. Ohne Wenn und Aber. Das Karma ist da auf unserer Seite.

Seither wiederholen wir die Aktion jeden Januar. Dieses Jahr hatten wir die Aktion als Videoaufruf von Gerrit und mir bei Facebook gepostet. Versehen mit der Message, die Welt müsse besser werden. Es war die »Trump-Eingewöhnungsphase«, in der man kopfschüttelnd nach Amerika schaute und nicht fassen konnte, wie ein Mensch per Twitter die Welt aus den Fugen zu bringen versuchte. Das Video hatte fast zwei Millionen Aufrufe, insgesamt hat es über fünf Millionen Deutsche erreicht. Anders gesagt, hatte knapp jeder achtzehnte Deutsche von unserer Aktion nur über unsere Facebookseite erfahren.

In diesem Januar folgten bundesweite Medienberichte über die Aktion, und eine Zeitung schrieb, das Angebot würde auch von vielen Flüchtlingen genutzt. Falls Sie nun rätseln, welches die Hauptbotschaften von Kritikern unserer Aktion waren, gebe ich mal drei Alternativen vor:

a) Diese verdammten Schweizer! Mit dem Geld unserer Steuerflüchtlinge bauen sie eine Infrastruktur und ein Schulwesen, von dem wir nur träumen können. Und dann kommen sie in unser Land und gehen kostenlos ins »Miniatur Wunderland«.

b) Es ist ja schön, dass für Bedürftige etwas getan wird, aber warum werden überall die Flüchtlinge in den Vordergrund geschoben? Haben wir nicht genug eigene Probleme?

c) Immer wieder Flüchtlinge. Das ist das einzige Wort, das ich in letzter Zeit höre: Flüchtlinge, Flüchtlinge, Flüchtlinge. Denen wird alles hinten reingeschoben. Ich würde auch gerne mal ins »Miniatur Wunderland« gehen. Aber ich kann mir das nicht leisten! Und ich bin kein Nazi, aber man wird ja immer sofort dazu gemacht, wenn man nicht mit allem einverstanden ist.

Um es kurz zu machen. Die Tendenz ging eindeutig in Richtung c). Es war wirklich erstaunlich, wie viel Hass da auf einmal hochkam. Nun will ich weder als Apologet der Merkel'schen Flüchtlingspolitik dastehen, noch fällt es mir schwer zu begreifen, wie sich Leute im Jobcenter zur Seite gedrängt fühlen, wenn plötzlich eine neue Welle Bedürftiger ins Land kommt, die für unsere Generation, die seit 70 Jahren keinen Krieg mehr hautnah erlebt hat, nicht greifbare Horrorerlebnisse zu verarbeiten hat.

Aber wie kann man so eine Aktion missverstehen? Wir hatten gesagt, wir öffnen das »Wunderland« für alle, die es sich nicht leisten können? Wir hatten die Aktion begonnen, bevor die Flüchtlingskrise zum Thema wurde. Was hätten wir tun sollen? Eine Fußnote einfügen: Diese Aktion ist für alle, die es sich nicht leisten können. Ausgenommen Flüchtlinge und Fans des VfL Osnabrück, die beim Pokal-Aus des Hamburger SV gejubelt haben? Ja genau, wenn man schon aussortiert, dann gleich richtig. Mitmenschlichkeit lässt sich nun mal nicht teilen. Ich fand es sehr schade, dass es einigen unserer Mitmenschen offenbar sehr schwerfällt, das zu begreifen.

In diesem Jahr erhielten wir sogar per Post Briefe von ehemaligen Gästen, die uns mitteilten, dass sie uns nun nicht mehr besuchen werden. Kein Verlust, oder? Aber welch ein Verlust für den Verfasser. Er kann das »Wunderland« nun nicht mehr anschauen *und* muss in einer aus seiner Sicht unglücklichen Welt leben. In einem Land, wo man jeden Tag hoffen muss, den selbigen zu überleben? Manche Menschen vergessen einfach, was es für ein Privileg ist, in einem Land wie Deutschland geboren worden zu sein!

Der Höhepunkt war allerdings ein richtiger Hassbrief. Ebenfalls so richtig Old School mit der Post, mit Absenderadresse und Telefonnummer. Er endete mit den Worten: »Mit bombigen Grüßen« – ein 11. September ist ja nicht genug.

Ich bin mit dem Brief zu Gerrit und habe gesagt: Den veröffentliche ich auf Facebook. Mir ging's gar nicht um den Absender, der sicherlich Gründe für seine Verbitterung hatte. Ich wollte von unseren Followern wissen, ob sie das tatsächlich genauso sehen. Ich wollte ein positives Feedback. Es musste im

Netz doch noch andere positive Nachrichten als Katzenvideos geben. Und genau das war mein zweiter Grund für den Veröffentlichungswunsch. Heutzutage denkt man doch beim Lesen der sozialen Medien, dass 90 Prozent der Menschen verbittert sind. Die Wahrheit ist aber genau das Gegenteil, und das wollte ich endlich mal zeigen. Mit dem Hinweis, dass es endlich an der Zeit sei, dass auch die »andere« Seite der Bevölkerung mal laut wird, haben wir es veröffentlicht.

Die Reaktion war überwältigend. Der Beitrag bekam fünftausend Kommentare. Ich habe mich eine Nacht lang hingesetzt und sie alle gelesen. Natürlich waren weitere Hassmails dabei, aber es gab eben auch viel Positives. Und das Besondere, das Neue war: Auf die Hasskommentare wurde massenhaft mit positiven Kommentaren reagiert. Und nicht wie so oft: Geh bloß nicht auf Hasskommentare ein, das motiviert die nur, weiterzumachen. Falsch! Man sollte sich dem entgegenstellen und dazu einladen, die Dinge positiver zu sehen. Ansonsten entsteht ein völlig falsches Bild, das wir schon langsam zu glauben anfangen. Dann wurde mir immer wieder die Frage gestellt: Warum machst du das? Und nach einer Weile stellte ich mir selbst diese Frage: Warum mache ich das? Mag ich die Aufmerksamkeit? So ganz lässt sich das ehrlich gesagt nicht leugnen, fürchte ich.

Irgendein Promi, ich weiß nicht mehr welcher, sagte mal: Niemand ist im Showbusiness, weil er aus einer intakten Familie kommt. Weshalb all die Dankesreden bei Oscar-Verleihungen und Ähnlichem mit einer gewissen Vorsicht zu genießen sind. Aber ist das wirklich das Motiv? Würde ich, wäre dies der tatsächliche Grund, nicht einfach nur Katzenfotos und Videos posten? Das funktioniert schließlich immer. Überall kriegt man nur Likes und Herzen und glückliche Smileys.

Nee, mir geht es auch um mehr. Ich lebe nun mal in dieser Welt, da will ich auch meinen Senf dazugeben, wenn mir etwas nicht passt.

Das können ganz kleine Sachen sein. Ehrlich gesagt weiß ich jetzt gar nicht, ob ich es nicht schon mal erzählt habe, aber wir haben im »Miniatur Wunderland« letztes Jahr ein Video über die Rettungsgasse gedreht. Der Anlass war so einfach wie traurig: Immer öfter passiert es bei Unfällen, dass keine Rettungsgasse gebildet wird und Unfallopfer sterben, weil ihnen nicht rechtzeitig geholfen werden kann. In letzter Zeit hört man auch davon, dass manche Autofahrer die Rettungsgasse nutzen, um zu wenden und zur nächsten Ausfahrt zurückzufahren. Das finde ich einfach nur krank. Eines Tages erlebte ich es selbst. Nicht weit vor mir war ein Unfall geschehen. Stillstand auf der Autobahn, und erst nach 20 Minuten kam ein Rettungswagen. Er brauchte diese Ewigkeit, weil eben keine Rettungsgasse gebildet wurde und er nicht durchkam. Ein Stück voraus standen mehrere Vollidioten / Ahnungslose / Ignoranten oder was auch immer für Autofahrer, und erst nach langsamem Rangieren kamen die Lebensretter schließlich durch. Der Unfall schien nicht so schlimm, aber mein Herz war schlimm verletzt. Ich musste mal wieder etwas tun. Aber was … ?

Zu Hause angekommen, circa 20 Minuten Autofahrt später, wusste ich es: Ein Video muss her. Nun würde ein dröges Lehrvideo im Stil der alten *Der 7. Sinn*-Filme wenig bewirken. Also wollte ich im »Wunderland« einen Stop-Motion-Film drehen. Zwei fluchende und verzweifelte Feuerwehrmänner, die sich durch den Stau kämpfen und die Zuschauer emotional teilhaben lassen, wie fürchterlich es ist zu wissen, dass sie Leben retten können, aber nicht zum Einsatzort kommen. Wie wichtig jede Sekunde dabei ist und wie rücksichtslose Menschen diese Sekunden vergeuden. Dieses an sich einfache Drehbuch war in diesen 20 Minuten fertig in meinem Kopf. Aber wie so oft teilen nicht alle Menschen solche Emotionen. Am nächsten Tag im »Wunderland« konnte ich nur wenige von meiner Idee begeistern. Wir haben schon vor einiger Zeit extra einen Wunderländer für

Videos eingestellt. Entweder es lag an seinen vielen Projekten, die er gerade bewältigen musste, oder an der Allgemeinheit, die eine Rettungsgasse als nicht so wichtiges Thema ansah. Außer von meinen beiden Wunderländern Thomas und Jens bekam ich fast keine Unterstützung. Falsch, aus dem Modellbau bekam ich noch Hilfe. Aber filmtechnisch waren wir aufgeschmissen, da die Special Effects, die wir uns vorgestellt hatten, von uns selbst nicht umzusetzen waren. Also riefen wir einen Freund an, und der war begeistert. Er stellte die Kraft seiner kleinen Filmproduktion »Sterntaucher« für einen symbolischen Betrag zur Verfügung. Ich gab ihm unser vermeintlich einfaches Drehbuch. Die Dialoge waren fertig und so prägnant, dass es einfach funktionieren musste. Dazu sollte es wie in einem Computerspiel oben einen grünen Lebensbalken für das Unfallopfer geben. Am Anfang ist der Balken noch voll, aber mit jedem Idioten, der den Rettungsweg blockiert, geht ein Stück davon verloren.

Stefan meinte, dass das Drehbuch von einem Profi noch mal überarbeitet werden müsse. So ließen wir ein professionelles Script erstellen, das hochpoliert war und höchsten Ansprüchen genügte. Es gab nur ein Problem: Es gefiel mir nicht. Also bin ich noch mal drübergegangen. Das Ergebnis war dann vielleicht ein bisschen holpriger, aber es kam von Herzen und ähnelte dem Ursprungsdokument. Jetzt gefiel es mir. Und 15 Millionen Viewern auch.

Darüber habe ich mich natürlich sehr gefreut. So sehr, dass ich die nächsten Tage wie auf Luftkissen durch unsere Anlage gelaufen bin. Doch die wichtigste Lehre aus der ganzen Sache war für mich: Am Ende ist es immer am besten, wenn man auf sein Herz, sein Bauchgefühl oder wie auch immer man es nennen mag, hört. Und wenn es dann mal Gegenwind gibt – dann hält man das aus.

Es kommt auch vor, dass wir uns als »Miniatur Wunderland« für eine Sache engagieren und dann im Laufe der Entwicklung

Wenn einem was gelingt, kann man auch mal 'n büschen stolz sein, oder?

unterschiedlicher Meinung sind. Olympia war so ein Fall. Hamburg hatte sich als Austragungsort für die Olympischen Spiele beworben. Einige Jahre zuvor war Berlin gescheitert. Dann München. Nun war Hamburg dran. Die Berliner Bewerbung war dilettantisch. In München hatte man es nicht geschafft, die Bürger um das Projekt zu scharen. War das nicht eine Riesenvorlage für Hamburg, meine liebe, gute alte Freie und Heimatstadt. Hamburg, weltoffene Weltstadt mit Herz, reichste der Europäischen Union, Stadt der deutschlandweit größten Anzahl von Multimillionären – sollte es in dieser Stadt nicht gelingen, ein Olympiafest hinzuzaubern? So wie London 2012, nur noch nachhaltiger?

Am Anfang waren wir beide Feuer und Flamme. Und das Herz des ehemaligen Autogrammsammlers Frederik schlug höher. Auch heute würde es schließlich noch Kinder geben, die wie ich damals Sportler und andere Heroen verehrten. Deren Helden direkt vor die Haustür zu holen, das wäre doch was. Ganz abgesehen davon, dass Hamburg auch in Sachen Infrastruktur gigantisch von den Olympischen Spielen profitiert hätte. Es gibt diverse Bauvorhaben, die sowieso anstehen; durch Olympia hätte man sie aber leichter durchgekriegt und auch noch vom Bund kofinanziert bekommen.

Also, ich war 100 Prozent pro Olympia. Und wenn irgendwo eine Seifenkiste stand, bin ich draufgestiegen und habe mit meiner Meinung nicht hinter dem Berg gehalten. Wir trommelten und wirbelten. Wir riefen die Hamburger auf, eine kleine Figur in ein Stadion zu kleben, dass wir schnell gebaut und in die Europa-Passage gestellt hatten. Als Zeichen für ein Ja zu Olympia. Es war so schnell voll, dass man kaum gucken konnte. Alles stand damals im Zeichen der Entscheidung des Deutschen Olympischen Sport Bundes (DOSB), ob man sich mit Hamburg oder Berlin bewarb. Kurz vor der Entscheidung wollten wir ein gigantisches Bild zum DOSB senden, das zeigen sollte, dass Hamburg die Spiele mehr wollte als Berlin. Wir riefen die Hamburger auf, eines Abends an die Binnenalster zu kommen und gemeinsam mit uns Fackeln, also viele kleine Olympische Feuer, zu entzünden. Eine verrückte Aktion, die passenderweise im Dunkeln stattfand, sodass wir also bis zum Start nicht wussten, ob wirklich genügend Hamburger unserem Aufruf gefolgt waren und sich über die ganze Länge und Breite der Binnenalster verteilt hatten, um dann alle gleichzeitig ihre Fackeln anzuzünden. Es nieselte bei sechs Grad Celsius, was durchaus schlecht war, und die Polizei hatte uns vorher ihre Schätzungen mitgeteilt. Sie rechneten mit nicht mehr als dreitausend Menschen – das würde nicht mal für eine Seite reichen. Es war natürlich nicht zu erkennen, wie viele Menschen gekommen waren, aber als kurz nach 18 Uhr das Signal zum Anzünden kam, konnten wir es kaum glauben. Über 25 000 Menschen waren gekommen! Und nicht nur die Tränen in meinen Augen zeigten mir, wie schön das Gefühl ist, auf der Siegerstraße zu sein.

Dann sagte Hamburg nein zu Olympia, und ich war fürchterlich enttäuscht. Meine Stadt ein Hort kleingeistiger, verzagter Provinzler, die bei einer Veränderung immer nur die Risiken sehen und nie die Chancen? Ich ging zu Gerrit, um bei einer verwandten Seele Trost zu suchen, aber auch, um mich einfach mal richtig auszukotzen.

Das konnte ich bei Gerrit. Er sagte, dass er in die Kampagne genauso begeistert gestartet sei wie ich. Aber dann hatte er sich mit den Argumenten der Gegner auseinandergesetzt. Das hat er wohl bei mir gelernt. Denn schließlich muss er sich auch ständig mit meinen Argumenten auseinandersetzen. Und er sei zu dem Schluss gekommen, dass die Olympia-Gegner nicht zwangsläufig falsch liegen müssen. Es gab genug Leute mit Olympia-Romantik im Herzen, aber eben auch genügend andere, die in den Olympischen Spielen mittlerweile vor allem eine Schaubühne für Diktatoren und Konzerne sahen. Es gab also zwischenzeitlich auch bei ihm ein Pro und ein Kontra. Oder es war seine ganz eigene Art, mit dieser größten Niederlage der hamburgischen Geschichte umzugehen.

Zum Abschluss dieses Kapitels will nicht verhehlen, dass wir manchmal einfach nur Spaß an gut gemachter Publicity haben. Ein willkommener Anlass war der große Lokführerstreik. Ich glaube, es war der letzte große.

Als »Miniatur Wunderländer« hätte man sich vielleicht mit einer gewissen Berechtigung auch auf die Seite der Lokführer schlagen können, aber wir waren neutral. Und wir wollten was machen.

Was haben wir unternommen?

Eine kleine Claus-Weselsky-Figur gebastelt und ein Video gedreht. Zur Melodie von Rio Reisers »König von Deutschland« tanzte unser kleiner Claus über die Anlage und erzählte dabei, was er gern alles in seinem kleinen Eisenbahnerreich ändern würde. Dabei haben wir ihn ziemlich heftig aufs Korn genommen. Da tagsüber in der Anlage Betrieb war, mussten wir das Video nachts drehen, nachdem die letzten Gäste gegangen waren. Alles in Eigenregie.

Am Morgen sah ich mir das Video an, und mir ist vor Begeisterung die Kinnlade runtergefallen. Das war ein Hit, ein »Brett« wie man ja bekanntermaßen in der Plattenbranche sagte. Wir beschlossen, das Video auf unseren YouTube-Kanal zu stellen. Allerdings gab es ein Problem: Die Rechte an dem Song »König von Deutschland« lagen bei den Erben von Rio Reiser. Der Musikverlag signalisierte gleich: Das werden die Erben nicht freigeben. Wir ließen die Anfrage laufen, rechneten mit einer Absage und überlegten.

Gibt es einen Plan B?

Claus Weselsky schwebte – unserer Meinung nach – über Deutschland. Wie ein König. Deshalb wäre Rio Reisers Song so passend gewesen. Weil Claus so völlig losgelöst war. Von den Tatsachen, mit denen sich alle anderen im Land rumschlagen mussten.

Moment mal …

Völlig losgelöst?

War da nicht mal was?

Komm, Frederik, streng mal dein altes DJ-Hirn an.

Natürlich: »Major Tom« von Peter Schilling. Neue Deutsche Welle.

Und außerdem gab es da doch noch Thomas, die kleine Lokomotive. Also losgelegt und ein neues Video gedreht. Diesmal nicht aus Lokführersicht, sondern aus Sicht der Eisenbahn. Passenderweise bastelte es unser »Wunderland«-Thomas in einer Rekordzeit von fünf Stunden zusammen. Statt »völlig losgelöst« sang die dann »völlig lahmgelegt«. Während Thomas mit Kollegen das zweite Video drehte und schnitt, setzten wir uns mit

Peter Schillings Musikverlag in Verbindung. Das Zeitfenster war verdammt eng. Um 17:00 Uhr musste das Video online sein, damit es viral gehen konnte. Danach ist es zu spät, weil nachts Viralität bei Facebook meist verpufft. Und man wusste nie, wann der Streik zu Ende ist.

Gegen drei Uhr nachmittags klingelte das Telefon. Der Verlag von »König von Deutschland« sagte ab. Die Erben wollten trotz eines liebevollen Telefonats, das ich zwischenzeitlich mit dem Bruder von Rio Reiser führte, die Rechte nicht freigeben. Schade Team, schade Leute, ihr habt super gekämpft, aber diesmal hat es nichts gebracht. Denn auch die Gespräche mit dem Verlag von Peter Schilling schienen nicht besonders erfolgversprechend.

Um halb fünf kam dann ein total unerwarteter Anruf. Die Freigabe! Nur Minuten später stellten wir das Video ins Netz. Es ging sofort durch die Decke. Bis zum nächsten Morgen. Dann hatten sich die Tarifpartner – für uns völlig überraschend – geeinigt.

Schade, eigentlich.

Oder: Gut für uns alle, denn der Bahnstreik hat Deutschland damals sehr geschadet. Das Video hätte uns aber vermutlich – soviel Marketing-Mensch bin ich halt doch – in viele Hauptnachrichten gebracht. Naja. Man kann nicht immer Glück haben. Aber wenn schon mal Pech, dann gerne an einer Stelle, an der dadurch viele andere Menschen Glück haben.

Und schön war's doch.

17. GERRIT:

Unsere Welt und unsere Zukunft

Die Angelsachsen, die für fast alles einen flotten Spruch haben, sagen: »*Building to flip is building to flop*«. Klingt gut, oder? Und was wollen sie mit diesem Spruch sagen? Er ist eigentlich auf Start-up-Unternehmer bezogen, die in wahnsinnig kurzer Zeit eine Firma aus dem Boden stampfen und sich dann von einem Konzern kaufen lassen. Das gilt als eine gute Methode, schnell reich zu werden. Bei vielen Start-ups gibt es am Anfang viel Lärm, dann – mit etwas Glück – viel Umsatz, und bei den wenigsten am Ende sowas wie Gewinn. Aber wenn man aufgekauft wird, sind die Gründer reich geworden. Und die Finanzdienstleister auch. Wenigstens die.

Das »Miniatur Wunderland« ist mit einem klassischen Start-up nicht zu vergleichen, aber es gibt schon ein paar Gemeinsamkeiten. Das Unternehmen wurde von Enthusiasten aus dem Boden gestampft, denen Selbstausbeutung nicht fremd war, und war ein Projekt, das allen Skeptikern zum Trotz schon kurz nach dem Start durch die Decke ging.

Es gab auch Übernahme-Angebote, die einfach unglaublich waren. Aus dem Nahen Osten kommen immer wieder mal Vorschläge, die wie ein Märchen aus Tausendundeiner Nacht klingen. Dann stehen schnell zig Millionen im Raum. Mit Aussagen gepaart wie »Baut uns eine Anlage. Was von dem Geld übrig bleibt, könnt ihr behalten«. Ebenso wie Angebote von Investorengruppen, die das Konzept einfach adaptieren, variieren und dann weltweit vertreiben werden. Die bieten schon mal einen zweistelligen Millionenbetrag für 51 Prozent der Anteile. Wenn man absagt, und das haben wir bis jetzt immer getan, dann ziehen die weiter, bis sie jemanden zum Ausbeuten finden. Und wenn der ja sagt und gut ist, dann hat man Wettbewerber, die einem das Leben ganz schön schwer machen können.

Im wesentlichen gilt für uns die altbewährte Regel: Paragraph eins, jeder macht seins. Das heißt, wir gucken nicht auf andere, um dort abzukupfern, aber wir wissen, dass es Wettbewerber gibt, die uns gerne kopieren. Dagegen können wir nichts machen. Es ist zum Teil ja unsere eigene Schuld. Es gab mehrfach Franchise-Anfragen, um aus dem »Miniatur Wunderland« eine Worldwide Operation zu machen, bei der dann lokale Lizenznehmer ein »Miniatur Wunderland New York« oder »Miniatur Wunderland Tokio« betreiben. Das wollten wir nicht, aber dann dürfen wir uns auch nicht beschweren, wenn in diesen Gegenden Modellbahnanlagen auftauchen, die sich an einigen Punkten sehr inspiriert zeigen. Wir aber lieben Hamburg, wir lieben unser »Miniatur Wunderland«, und unsere Ideen-Liste ist lang. Wozu also nach Höherem streben, wenn das höchste Gut, das Glück, bereits in unseren Händen liegt.

Es gibt auch Unternehmen, bei denen man ziemlich schnell und deutlich erkennt, dass die nur entworfen wurden, um uns komplett zu kopieren. Ich will keine Namen nennen. Aber vor einigen Wochen ist eines dieser Unternehmen, die vor gut zehn Jahren mit dem festen Vorsatz angetreten waren, die neue Nummer eins zu werden, verschwunden. Das nehmen wir dann schon ernst. In diesem Fall habe ich sogar einmal in der Woche Leute hingeschickt, die vor dem Einlass saßen und zählten, wie viele Besucher dort hinkamen. Da war ich dann schnell wieder beruhigt.

Für einen emotionalen Menschen wie mich ist es in solchen Momenten schwer, einfach zu sagen: Macht doch, was ihr wollt, wir lassen uns davon nicht beeinflussen.

In St. Petersburg haben sie wirklich alles versucht, unser Konzept nachzuahmen, und als sie es nicht hinbekamen, heuerten sie eine deutsche Modellbaufirma an, die ihnen dann geholfen hat.

Es gibt einen Traum, den wir uns leider niemals erfüllen werden: zu erleben, wie es ist, als Gast zum ersten Mal völlig unvoreingenommen ins »Miniatur Wunderland« zu kommen. In New York am Times Square hat jetzt ein Laden aufgemacht, der rein von den Zahlen her sehr beeindruckend ist: »Gulliver's Gate«. Da sind angeblich fast vierzig Millionen Dollar Investorengeld verbaut worden. Frederik ist rübergeflogen und hat sich das angeguckt. Und während der Anreise bekam er eine Ahnung von der Neugier und der Erwartung, die ein Gast bei uns haben könnte, der schon viel über das »Miniatur Wunderland« gehört, aber noch nie etwas gesehen hat.

Allerdings war die Erwartung bei Frederik negativ eingefärbt. Er wollte sich an dem Anblick der Anlage ja nicht erfreuen. Seine Emotion ging in die andere Richtung. Was würde passieren, wenn die wirklich besser sind als wir? Wenn die Sachen machen, die so gut sind, dass wir da beim besten Willen nicht rankommen? Als er dann drin war, war er bald erleichtert, denn obwohl das alles wirklich gut gebaut ist, wirkt es lange nicht so verspielt und liebevoll gestaltet wie das »Wunderland«. Eher steril und zu sehr geplant. Dabei kann man auch da gute Entdeckungen machen. Frederik hat allein die Handschrift von sieben verschiedenen Modellbauern erkannt. Unter anderem eine Modellbau-Familie aus Südamerika, die so gut war, dass er sie am liebsten mit über den Teich genommen hätte. Am Ende ist er mit gemischten Gefühlen zurückgeflogen. Einerseits war er erleichtert, dass wir unser Alleinstellungsmerkmal – wie es so schön heißt – immer noch wahren konnten, andererseits – bei jeder Anlage hängen ja auch Träume und Erwartungen der Macher mit dran. Warum soll man sich daran ergötzen, dass es bei ihnen vielleicht nicht geklappt hat? Zumindest hat das »Gulliver's

Gate« wohl noch nicht die Gästezahlen, die man sich da drüben bestimmt erhofft hatte.

Das Merkwürdige ist, dass es offen ausgetragene Konkurrenz gibt und man dabei dennoch so etwas wie Sympathie füreinander empfinden kann. Da wir mittlerweile die Position des Platzhirschs einnehmen, kommt fast jeder, der etwas in unserer Richtung plant, vorbei, um sich schlau zu machen, vor allem, um zu verstehen, was die Magie, das Besondere, den Faktor X des »Miniatur Wunderlands« ausmacht. Einige verstehen es sogar. Dass es ihnen dennoch nicht gelingt, uns unser Lebenselixier, unser »Mojo« zu rauben, ist dann doch wieder beruhigend.

Dann gibt es Sachen wie die »Little Big World« in Berlin, die eindeutig von uns inspiriert sind. Der Eigentümer Merlin sitzt gleich bei uns um die Ecke. An denen finde ich sehr spannend, dass sie eine Ausstellung, die es immer noch bei uns gibt, weitergedacht haben. Wir haben verschiedene Dioramen (so nennt man kleine Modelle, die authentisch gebaut sind) über den Wandel einer Kreuzung in Berlin, also die Geschichte der geteilten Stadt, gebaut. Vom Kriegsende bis zum Fall der Mauer. In der Mitte dieses nicht mal einen Quadratmeter großen Modells entstand die Mauer. Wir bauten das gleiche Modell siebenmal. Jeweils ein paar Jahre später in der Geschichte zwischen 1945 und 1989. Das kommt sehr gut an, und es ist interessant zu sehen, wie Kinder mit ihren Eltern da hindurchlaufen und die jüngere deutsche Geschichte rekapitulieren.

»Guck mal«, sagte zum Beispiel ein pädagogisch engagierter Elternteil. »Und da fällt dann 1990 die Mauer.« Und der kleine Knirps guckt dann nur kurz und kräht: »Die Mauer fiel 1989. 1990 war die Wiedervereinigung.« Eine weitere Dioramen-Reihe haben wir der »Geschichte der Zivilisation« gewidmet. Die Berliner haben dieses Konzept der Zivilisationsgeschichte im größeren Rahmen aufgegriffen. Da gibt es natürlich viele Möglichkeiten, aber ich denke, dass die Sache – wenn sie läuft – sich in eine völlig andere Richtung entwickelt.

Ich denke mal, viele Familienunternehmen – und das sind wir ja irgendwie auch – hätten gesagt, diese mehr oder weniger freundlichen Übernahmen, das sind Angebote, die wir nicht hätten ablehnen dürfen. Aber das hat uns nicht interessiert. Selbst auf die Gefahr hin, dass das jetzt schlüpfriger klingt, als es gemeint ist: Wir wollen selbst zufrieden sein und keine Investoren befriedigen. Dieser ganze Renditenwahn – mehr und mehr und mehr – geht mir verdammt auf den Senkel. Für uns ist es wichtig, dass wir profitabel sind, der Rest ist uns egal. Wichtig sind uns die Menschen. Denn unser Wachstum hat auch bei uns auf der Anlage eine Schattenseite. Je größer wir werden, desto mehr steigen die Instandhaltungskosten. Ist ja logisch, desto mehr geht kaputt. Und dann will man noch größer werden. Und wieder mehr Instandhalten. Das kann ganz schnell zum Teufelskreis werden. Das Leben ist schöner, wenn Geld nicht das Wichtigste ist. Wir müssen uns nicht für Investoren schön machen, denen es nur um Rendite und das Einstreichen einer Vermittlungsprovision geht. *By the way* versprechen diese Vermittler ihren Investoren oft schon eine Kapitalrückzahlung nach sieben Jahren, was bedeutet, das »Wunderland« würde bilanziell hübsch gemacht, ausgeschlachtet und danach weiterverscherbelt werden. Man muss ja möglichst oft Vermittlungsprovision einstreichen. Sorry, das war jetzt sehr direkt. Wir haben nur für zwei Dinge eine echte Verantwortung. Die Sicherheit der Gäste und das Wohlbefinden der Mitarbeiter.

Die steigenden Besucherzahlen und die Erfolge der letzten Jahre haben uns ziemlich viel Selbstvertrauen gegeben. Wir haben schon Respekt vor den anderen, aber keine Angst. Der Superlativ – die größte Anlage der Welt – ist uns lieb und teuer, aber er ist nicht alles. Angenommen, es kommt jemand, der vom Superlativ-Virus angefixt ist. So nach dem Motto: Ich habe die

Auch wenn man es auf den ersten Blick nicht glaubt: Hier werden Träume wahr.

größte Yacht, das tollste Auto und den längsten sowieso und jetzt will ich – aus welchen Gründen auch immer – die größte Modellbahnanlage. Soll er doch machen. Natürlich wären wir traurig. Dabei könnten wir das relativ einfach kontern. Wir müssten nur in einem Anbau Sand aufschütten, 500 Quadratmeter beispielsweise, und sagen: Das ist unser neuester Abschnitt. Wüste. Die Geschichte der Bagdad-Bahn. Oder was auch immer. Dann wären wir wieder die Nummer eins. Beim ersten Mal würde uns das vielleicht sogar als Gag durchgehen. Aber wenn wir das zu oft machten, würde das »Miniatur Wunderland« seine Seele verlieren. Und das wäre wirklich schade.

Nun habe ich eingangs gesagt, dass ich mir über die Konkurrenz verhältnismäßig wenig Gedanken mache, und dazu stehe ich auch. Aber natürlich denken wir über das »Miniatur Wunderland« schon sehr viel nach.

Würde man unser »Kind« mit einem Menschen vergleichen, dann befände sich das »Miniatur Wunderland« jetzt in der Pubertät. Sechzehn Jahre alt, körperlich fast ausgereift. Ein verspieltes Kind, sehr gesund, aber nicht frei von Macken. Nun muss es reifen. Und dieser Wandel, dieser Weg zum Erwachsenwerden, der ist eine große Herausforderung. Denn das »Miniatur Wunderland« darf dabei seine Magie nicht verlieren.

Zur ersten Generation gehörten vielleicht zwanzig, dreißig Leute. Gerhard hat geplant und gegipst, ich habe gelötet. Wir waren alle gleich. Wenn wir nervös wurden, wurden wir zusammen nervös. Und Erfolg hatten wir auch gemeinsam. Dann wurde das »Wunderland« größer. Wir mussten neue Leute einstellen. Was für den Arbeitsmarkt eine gute Sache ist, aber damit kamen Leute zu uns, die den einmaligen »Spirit« der ersten Zeit nicht miterlebt haben. Vor allem im Shop, an den Eintrittskassen und im Restaurant brauchten wir schnell viel Verstärkung. Und da kommen zunehmend auch Leute, die das erst mal als einen Job ansehen. Ein Kassierer der ersten Stunde erzählte immer wieder: »Und dann – ich weiß es noch wie heute – habe ich meine erste Eintrittskarte verkauft.« Dabei würde er vielleicht noch Tränen der Rührung verdrängen. Das sind die Emotionen, die das »Wunderland« auszeichnen, die Emotionen sind das »Wunderland«. Das spürt der Gast schon beim Reinkommen. Bei den »Neuen« muss das erst mal wachsen. Das klappt, dauert aber manchmal länger als bei den »Pionieren«.

Bei den Technikern blieb das Team länger homogen, weil man da näher an der Anlage dran ist und auch viele neue mit romantischen Job-Erwartungen kommen. Erwartungen, die wir auch heute noch vielfach erfüllen können, weil wir alle einfach so sind, wie wir sind. So sehen wir bei denen, die in den ersten fünf Jahren nachgekommen sind, auch keinen großen Unterschied. Die sind genauso vom »Miniatur Wunderland«-Virus infiziert wie die erste Generation. Aber mit der dritten Generation, so nach sieben, acht Jahren, ist es dann doch ein bisschen anders als bei der Pfadfinder-Generation. Da leuchten die Augen bei ein paar neuen Wunderländern nicht mehr ganz so hell, wenn etwas gelingt. Hätten wir mehr Zeit, könnten wir vielleicht auch da mehr vom alten Spirit rüberbringen. Aber auch wir haben uns verändert. Früher hatten wir sechzig, siebzig Stunden in der Woche gearbeitet, teilweise bis zu hundert. Jetzt, wo das »Miniatur Wunderland« nicht mehr unser einziges Kind ist, sondern wir auch Kinder zu Hause haben, geht es mehr in Richtung Fünfzig-Stunden-Woche.

Geblieben ist, dass wir uns immer noch nicht als klassische Chefs sehen. Unser Freundeskreis ist noch immer derselbe wie früher. Auch wenn wir möglicherweise im Sozialprestige etwas höher stehen, unsere private Welt ist dieselbe geblieben. Und das ist kein Zufall.

Frederik hat zwar inzwischen ein Einzelbüro, aber ich sitze immer noch bei den Technikern. Die müssen zwar rausgehen, wenn sie über den Alten abläster n wollen, aber das kann ich leider nicht ändern. Bei uns werden immer noch alle geduzt, das war von an Anfang so, das wird sich auch nicht ändern. Bei über dreihundert Mitarbeitern kennt man zwar nicht mehr immer sofort alle neuen Wunderländer mit Namen, leider, aber trotzdem, wer Den-Chef-Duzen als Diskriminierung empfindet, hat bei uns keine Chance. In seltenen Fällen wäre es bei dieser Größe manchmal leichter, wenn man etwas Distanz hätte. Aber sicher nicht lustiger.

Wir sind Perfektionisten. Und wir sind leider verdammt schlecht, was das Delegieren und solche Sachen betrifft. Wenn man delegiert, kommt schnell die Frage auf: »Warum machst du das nicht so wie ich?« Bei mir ist das vor allem bei Technik-Fragen extrem, bei Frederik in Bezug auf alle Sachen, die das Marketing betreffen. Bis vor fünf Jahren hat Frederik noch die Buchhaltung gemacht und jede Rechnung selbst bezahlt. Es war ein langer Kampf, bis er so weit war, sich zu sagen: Es reicht auch, wenn man einen Blick drauf wirft. Programmierer Daniel ist da wirklich ein Glücksgriff, weil er mich genau da ergänzt, wo meine Schwächen liegen. Aber ein Inhaber denkt immer anders als ein Mitarbeiter. Unser Vater hat immer gesagt: Der größte Fehler eines Unternehmers wäre, von einem Mitarbeiter dasselbe zu erwarten, was der Chef einbringt. Da ist was Wahres dran, obwohl ich glaube, dass der Großteil unserer Wunderländer mit wahnsinnigem Einsatz alles gibt, diesen Satz zu entkräften.

Wir können uns so sehr fetzen, dass Außenstehende den Eindruck erhalten, die werden wochenlang nicht miteinander reden, oder das »Wunderland« wird jetzt geteilt werden müssen. Aber schon wenige Minuten später finden wir uns wieder zusammen, meist vereinter denn je und laufen sofort mit der Sache los, die der Streit uns geboren hat. Streiten kann etwas Wunderbares sein, Versöhnen noch etwas viel Tolleres, und die Emotionen, die dabei entstehen, halte ich für sehr wertvoll.

Es gibt zunehmend Leute, die in uns die Geschäftsführer sehen wollen, mit allem Brimborium. Manche wollen auch eine Art Dienstkleidung, damit sie von den Gästen erkannt werden, wenn sie durch die Menge gehen, um einen Stau auf der Anlage aufzulösen. Aber das sind eben so Dinge, die wir früher mit Absicht nicht gemacht haben, und die wollen wir auch beibehalten. Außer der Dienstkleidung, die kann jeder haben, der sie haben möchte.

Die Mitarbeiter, die noch aus der ersten Generation übrig sind, sind natürlich älter geworden und haben ebenfalls Familien gegründet. Die wollen auch nicht mehr so gerne nachts arbeiten.

Andere sind mittlerweile aufgestiegen und sitzen jetzt öfter am Schreibtisch. Deshalb können sie nicht mehr so häufig in der Anlage oder im Leitstand sein, wo die wahre Action ist. Früher hat das Lob eines Gastes die Stimmung für Tage gehoben. Heute wird so etwas eher als selbstverständlich genommen. Aber wenn irgendwas mal nicht funktioniert, geht sofort die Laune runter. Wir alle reparieren eher ungern, wollen statt dessen inspirieren, entwickeln, konstruieren.

Um den Spirit der Gründerjahre zu bewahren, haben wir vor ein paar Jahren Teamleiter eingeführt. Das schafft zwar eine zusätzliche Hierarchie, aber wir hoffen davon zu profitieren und die Goldgräberstimmung der ersten Tage zu erhalten. Was für uns sehr wichtig ist. Wir sind ja nicht die Ersten, die diese Probleme haben. Erfolgreiche Unternehmen werden meist von Enthusiasten gegründet. Die haben eine Vision, aber nicht unbedingt eine detaillierte Vorstellung von jeder DIN-Norm und jeder Arbeitschutzdurchführungsverordnung.

Und dann steht eines Tages wieder die Feuerwehr vor der Tür, und du brauchst eine noch bessere Brandmelde-Anlage. Wir wären die Letzten, die die Notwendigkeit der Feuerwehr infrage stellen würden, aber wenn du einen immer größer werdenden Wust von Vorschriften in den Hals gedrückt kriegst, dann fühlst du dich manchmal gebremst.

Gefühlt die Hälfte unserer Lohnkosten geht mittlerweile für irgendwelche Regeln drauf, die unbedingt beachtet werden müssen. Ich sage nicht, dass diese Regeln falsch sind. Ich meine aber, dass sie bremsen und viel Kraft kosten. Das Gemeine daran ist: Man kann nicht einfach den Kopf auf Durchzug schalten und der Vorschrift der Form halber genügen, nein, man muss sie verstehen – wie es so schön heißt: nach Geist *und* Buchstaben – und dann eine Lösung finden. Wenn man es nur formal nachvollzieht, landet man sehr bald bei einem Paragraphenreiter und sitzt noch tiefer im Dreck. Deshalb haben wir unsere Brandschutzverantwortlichen aus dem eigenen Team ausgesucht. Denn wäre da so eine Spaßbremse von draußen gekommen, hätten wir früher oder später nur noch Bürokraten in der Anlage gehabt. Ich will den Glauben auch nicht aufgeben, dass jede dieser Vorschriften einen Sinn erfüllt bzw. mal einen Sinn erfüllt hat. Aber ganz ehrlich, die Gefahr, vom Glauben abzufallen, ist schon ab und zu mal da. Einen Arbeitsschutzbeauftragten brauchten wir irgendwann auch. Einen Datenschutzbeauftragen ebenfalls. Es würde mich nicht wundern, wenn man bald einen Datenschutzbeauftragtenüberwachungsbeauftragten braucht.

Unsere Mitarbeiter bekommen ein festes Gehalt. Wir haben kein Bonus-System, hauen aber gerne mal Prämien raus. Umsatzbeteiligung gestaffelt nach verschiedenen Einsatzorten machen wir nicht, obwohl das in vielen anderen Firmen üblich ist. Auch hier glauben wir wieder an unsere ganz eigene, vielleicht auch manchmal falsche Philosophie. Erfahrung paaren mit Bauchgefühl. Umsatzbeteiligung hatten wir in der Disco, und das hat dann schnell für böses Blut gesorgt. Da gab es Gier und Neid, und wenn man eigentlich will, dass alle glücklich und begeistert sind, dann ist das der schlechtere Weg. Da gibt es Kämpfe um die besten Tresenplätze und solche Sachen – das funktioniert nicht.

Ebenso, wenn man einem Techniker eine Extraprämie zahlt, weil er etwas Gutes erfunden hat. Auch das kann nach hinten losgehen. Man hebt einen heraus, und der Rest fühlt sich zurückgesetzt. Es sei denn, die Prämie ist zu hundert Prozent nachzuvollziehen, was aber meistens ein Ding der Unmöglichkeit ist. Da kommen dann Diskussionen auf. Warum wird der Berggipser honoriert, aber der Autotechniker nicht? Bei den Gehältern machen wir natürlich Unterschiede, aber die Prämien werden – wenn es sie gibt – gleichmäßig mit der Gießkanne an alle verteilt.

Natürlich wünscht sich jeder mehr Geld. Was das Service-Personal betrifft, bezahlen wir, denke ich, sehr gut. Bei den Technikern eher durchschnittlich. Da können wir mit Airbus, Philips, Siemens & Co nicht mithalten. *So* kann es natürlich passieren, dass wir Leute verlieren. Im kreativen Bereich gibt es immer wieder Abwerbungsversuche. Auch Gaston wollte man mal abwerben, da habe ich gesagt: »Dann musst du gehen. Ich bin traurig, wenn du weggehst.« Das ist hart, aber Reisende soll man nicht aufhalten. Er ist geblieben. Es sind auch Leute gegangen, die wir liebend gerne gehalten hätten. Aber was nicht drin ist, geht nicht. Je spezieller die Qualifikation ist, desto schwieriger wird es. Natürlich haben wir am liebsten Idealisten, von denen wir wünschten, sie würden ewig bei uns bleiben.

Aber mittlerweile gibt es eben auch Leute, die einfach einen coolen Ferienjob suchen oder solche, die das »Miniatur Wunderland« als Durchgangsstation sehen. Die bleiben ein oder zwei Jahre und ziehen dann weiter. Die sind vor allem froh, dass sie das »Miniatur Wunderland« in ihrer Vita haben.

Unser Vertrauen in Mitarbeiter wurde auch ab und zu mal enttäuscht. Leute haben uns betrogen oder mal in die Kasse gegriffen. Aber selbst wenn wir enttäuscht wurden, haben wir Leuten immer wieder eine Chance geboten. Und wenn uns jemand gelinkt hat, dann wollten wir verstehen, warum uns das angetan wurde. Aber selbst da kommt man manchmal an einen Punkt, wo es nicht weitergeht.

Wir haben einen Job, den man nicht machen kann, wenn man nicht an das Gute im Menschen glaubt. Das ist so. Man kann nicht auf die Gäste blicken und sagen: Unter euch ist doch bestimmt jemand, der nur eine Figur kaputt machen will (oder Schlimmeres). Man kann Mitarbeiter nicht unter Generalverdacht stellen. Dabei haben wir, wie gesagt, einige Enttäuschungen erlebt. In der Diskothek wurden wir von Mitarbeitern drei Mal beklaut, im »Miniatur Wunderland« bisher sieben Mal. Das geht dann pro Fall schon mal in den fünfstelligen Bereich. Wir mussten uns schon von einigen Leuten trennen, bei denen wir das nie erwartet hätten. Das ist dann sehr bitter. Unser schlimmster Fall hat Frederik Tränen gekostet. Meistens finden wir die Diebe sehr schnell, da sie in der Regel Fehler machen. Da haben wir diverse Systeme in der Discozeit gelernt. In einem Fall hatten wir auch nach dem sechsten Diebstahl, es waren Kassendifferenzen in der unglaublichen Höhe von 500 bis 1000 Euro pro Abrechnung, keine Ahnung wer es gewesen sein könnte, da keiner aus dem Team an mehr als vier Tagen hintereinander gearbeitet hatte. Bis wir feststellten, dass immer ein Teil eines Pärchens an den sechs Tagen mit Kassendifferenzen gearbeitet hat. Also ein modernes Bonnie-&-Clyde-Paar? Wir stellten ihnen eine Falle, nachdem wir durchschaut hatten, dass sie es über eine Stornofunktion »erarbeiteten«. Wir blickten also auf das kommende Wochenende, an dem wieder beide an unterschiedlichen Tagen Dienst hatten. Alles passte bereits am Samstag. 500 Euro Differenz. Aber als wir zugreifen wollten, war »Clyde« plötzlich schon gegangen. Also mussten wir auch am Sonntag überwachen. In der von mir extra dafür geschriebenen kleinen Software konnte man genau sehen, dass diese merkwürdigen Stornierungen wieder getätigt wurden. Also warteten wir, bis die Mitarbeiterin das Gebäude verließ, damit es keine Ausreden geben konnte. Frederik fing sie unten ab und brachte sie ins Besprechungszimmer, während die Kasse ausgewertet wurde. Frederik war maßlos enttäuscht von dieser eigentlich so wertvollen, langjährigen Mitarbeiterin. Er fragte sie immer wieder, warum sie das getan hatte. Sie schien völlig verstört und fragte ihrerseits immer wieder, was sie denn getan haben soll? Er teilte ihr mit, dass er gleich die Kassenergebnisse bekomme, die ihre Unterschlagungen beweisen würden. Darauf brach sie in Tränen aus und beteuerte verzweifelt, dass sie so etwas nie-

Egal, was die Zukunft bringt, ohne kreatives Chaos geht es nicht.

mals tun würde. Es sei der schönste Job ihres Lebens, den würde sie niemals riskieren. Frederik wurde immer nervöser, wich aber noch nicht ab. Er fragte sie, ob sie und ihr Partner tatsächlich glaubten, dass wir nicht merken würden, dass an einem Tag sie und an anderen Tagen ihr Partner bei uns klaute. Jetzt seien sie erneut die Einzigen gewesen, die an den beiden Tagen gearbeitet hätten, und an beiden Tagen fehlte wieder Geld. Sie beteuerte hysterisch, dass das nicht stimme. An beiden Tagen habe ein anderer Kollege gearbeitet. Frederik verneinte das, es gebe keine weitere Übereinstimmung im Dienstplan. »Doch!« Sie war sich sicher, dass der Kollege an beiden Tagen gearbeitet habe. Wo bleiben nur die Ergebnisse, fragte sich ein so langsam verzweifelnder Frederik. Die Antwort war ein Schock. Die Kassen waren vertauscht worden. Was nun? Eine heulende Mitarbeiterin, ein völlig verstörter Frederik und eine Situation, die nur schlecht ausgehen konnte. Frederik bat sie um ganz kurze Geduld, um einer Idee nachzugehen. Wenn besagter Kollege wirklich an beiden Tagen gearbeitet hatte, dann hat er sich an einem Tag bewusst nicht eingetragen UND damit zugleich auch nicht in der von mir programmierten Zeiterfassung. Aber was er nicht wusste: Auch alle Personalgetränke werden erfasst. Und siehe da, er hatte sich an beiden Tagen Getränke eingetragen. Kann ein Mensch so schlau und abgebrüht sein und dabei so einen banalen Fehler machen? Jetzt gab es nur eins, den Mitarbeiter sofort ins Büro holen und »ex oder hopp« spielen. Aufnahmen gab es nicht, und Frederik hatte nebenan immer noch eine weinende und also doch sehr treue Mitarbeiterin sitzen, die davon ausging, dass sie gleich verhaftet würde.

Der Mann betrat das Büro, und Frederik, in dem Wissen, wenn er jetzt leugnen sollte, es nicht zu beweisen war, sagte nur: »Warum hast du es getan? Ich möchte es verstehen! Wenn du mir eine Erklärung gibst, warum du es getan hast, die ich verstehe, dann rufe ich nicht die Polizei!« Kurz darauf hatte er zwei weinende Mitarbeiter. Denn der Kollege leugnete nicht, sondern brach in Tränen aus und schilderte die ganze Verzweiflung seines Lebens und den Grund, warum er in die Kasse gegriffen hatte. In dieser Sekunde weinte auch der dritte Wunderländer. Frederik rannte nach nebenan zur Mitarbeiterin, fiel mit Tränen in den Augen vor ihr auf die Knie und entschuldigte sich. Am Ende hatte man fast den Eindruck, dass sie Frederik trösten musste. So aufgewühlt war er. Der Betrüger wurde natürlich fristlos gekündigt, ausnahmsweise nicht angezeigt und zahlte den größten Teil zurück. »Bonnie & Clyde« haben noch lange bei uns gearbeitet und wurden von Frederik zu einer schöne Reise eingeladen, von der sie eine liebe Karte schickten, die sie mit »Liebe Grüße von Bonnie & Clyde« unterschrieben ...

Wir wissen nicht, was die Zukunft bringt. Die Welt wird immer virtueller, das Bedürfnis, Dinge in »echtem 3D« zu sehen, könnte nachlassen. Für das Publikum existiert zwar mit Hunderten von Interaktionsknöpfen die Möglichkeit, in das Geschehen einzugreifen, aber das können wir nicht endlos ausweiten, wenn wir die Anlage in all ihrer Feinziseliertheit erhalten wollen. Wir überlegen, ob wir mehr digital machen sollen. Mehr Augmented Reality. Es gibt Anfragen von Firmen, die an solchen Technologien arbeiten und uns gern als Spielwiese benutzen würden.

Malte Spörl von *Spiegel TV* lebt leider nicht mehr. Aber er hat nach dem ersten Beitrag über das »Wunderland« noch viele Filme über uns gemacht. Er hatte immer drei Dinge gewollt. Zum einen sollte etwas kaputtgehen. Dann sollte zumindest einer von uns ein wenig schräg rüberkommen. Und dann brauchte er immer eine Neuigkeit. Die ersten beiden Wünsche konnten wir in der Regel gut erfüllen. Bei der dritten Sache hat man halt nicht immer etwas anzubieten. Also hat Frederik einfach mal mit Blick über das Wasser rüber auf die Luke zum Nachbarspeicher gezeigt und gesagt: »Hier planen wir unser nächstes großes Projekt. Mit einer Brücke von hier nach drüben.« Und sowie die Folge ausgestrahlt war, rief der Vermieter bei uns an und fragte: »Meint ihr das im Ernst?«

Erst haben wir ein wenig rumgeiert, aber dann kamen wir ins Gespräch. Mittlerweile haben wir insgesamt zehn Jahre geredet. Und nun wird eine Brücke zum Nachbarspeicher gebaut. Wenn das alles erschlossen ist, haben wir dreitausend Quadratmeter neue Fläche. Was wir damit machen, wissen wir noch nicht. Wir könnten neue Kontinente – Asien zum Beispiel – erschließen. Wenn die Brücke fertig ist, können die ersten Gäste rüber. Vielleicht werden wir erst mal Ausstellungen machen. Die Brücke wird ganz viel Glas enthalten. So hat man einen wunderbaren Blick auf das Fleet – sofern man schwindelfrei ist. Die Genehmigungen – Weltkulturerbe und so – sind alle da, von Seiten der Statik ist ebenfalls alles geklärt. Wenn es nach Plan läuft, können wir den neuen Teil 2020 eröffnen.

Vielleicht ist das neue Projekt und die Glasbrücke eine gute

Metapher für die Zukunft des »Miniatur Wunderlands«. Wenn es so gut weitergehen soll wie bisher, brauchen wir Glück, Durchblick. Und wir dürfen auch in Zukunft keine Höhenangst haben.

Gerrit und Frederik (r.)
Braun: Zusammen
100 Jahre und
(ein bisschen) weise.

FREDERIK & GERRIT:

Ein gemeinsames Schlusswort

Man kann die Geschichte des »Miniatur Wunderlands« unter vielen Aspekten erzählen. Als eine Verkettung von glücklichen Zufällen, bei der die Akteure mal aus dem Bauch heraus, mal aus kühler Überlegung die richtigen Entscheidungen trafen, obwohl das in einen Punkten erst lange Zeit später deutlich wurde.

Wer will, kann unsere Geschichte auch im Sinne von amerikanischen Unternehmer-Biographien erzählen. Anstatt vom Tellerwäscher zum Millionär hieße es dann bei uns: Vom Schaffner bei der kleinen Spielzeugbahn im Kinderzimmer zum Boss der größten Anlage der Welt.

Möglicherweise stimmt das alles irgendwie. Wir haben hart gearbeitet. Wir haben viel Glück gehabt. So viel, dass einer von uns (»Das war ich.« – Anmerkung Gerrit) mal sagte, es wäre absolut verwegen, wenn wir auch noch Lotto spielen würden, denn wir haben in unserem Leben schon so viel Glück gehabt. Alleine im Jahr 1967, in Hamburg, in dieses Elternhaus als Zwilling geboren worden zu sein, kommt ja evolutionsstatistisch (schon wieder ein Wort, das es bei Google nicht gibt) einem Sechser im Lotto gleich.

Unser Projekt heißt – wie Sie mittlerweile wissen – »Miniatur Wunderland«, und der Name hat sich im Laufe der Zeit als sehr passend erwiesen. Denn Wunder haben wir hier immer wieder erlebt. Und nicht das geringste ist die Art und Weise, wie sich unser Verhältnis entwickelt hat. Es gibt Familien, die sind an Niederlagen zerbrochen, viele kennen Dynastien, für die der Aufstieg und der Erfolg sich letztlich als das pure Gift erwiesen

233

haben. Über die Märchensammler Brüder Grimm liest man, sie hätten sich zeitweise so sehr zerstritten, dass der eine Bruder den anderen von der Titelseite ihres Buches nehmen wollte. Diese Gefahr bestand bei uns nie, obwohl wir uns sicherlich mehr als einmal heftig gefetzt haben. Und dass es gelungen ist, trotz aller Krisen, Niederlagen und auch Erfolge uns den Raum zu geben, den wir brauchten, um zu wachsen und zu reifen, dabei aber immer für den anderen da waren, wenn es drauf ankam – das kommt uns manchmal tatsächlich wie ein Wunder vor. Aber vor allem sind wir dankbar, dass wir so etwas erleben durften.

Unsere Reise durch unser Vorleben und die Geschichte des »Miniatur Wunderlands« neigt sich dem Ende entgegen. Wir hoffen, die Reise war für Sie ein Vergnügen (wenn Sie bis hierhin durchgehalten haben, spricht einiges dafür). Das würde uns freuen. Und falls Sie wissen wollen, was in den nächsten hundert Jahren bei uns passiert: Nun, wir vermuten, Sie werden auch in Zukunft von uns hören.

Technische Daten »Miniatur Wunderland«

Die kleine große Welt in Zahlen, Daten und Fakten:

Eröffnung: 16. August 2001
Bauzeit: 760 000 Arbeitsstunden
Baukosten: 20 Millionen Euro
Mietfläche der Anlage: 6800 Quadratmeter
Modellfläche der Anlage: 1490 Quadratmeter
Mitarbeiter: 360
Gleislänge: 15 400 Meter
Anzahl der Züge: 1040
Anzahl der Waggons: mehr als 10 000
Längster Zug: 14,51 Meter
Anzahl der Signale: 1380
Anzahl der Weichen: 3454
Computer: 50
Knopfdruckaktionen: 250
LEDs: 385 000
Häuser und Brücken: 4110
Figuren: 260 000
– davon handgefertigt: mehr als 15 000
Autos: 9250
– davon fahrend: 280
Flugzeuge: 52
– davon fliegend: 42
Bäume: 130 000
Wasser in der Anlage: 30 000 Liter

Eintrittspreis: Erwachsene € 15,–
Kinder bis einschl. 15 Jahre € 7,50
Viele weitere Ermäßigungen
Jahreskarte € 80,–

Öffnungszeiten mindestens:
(In Ferienzeiten deutlich länger)
Mo., Mi., Do.: 9:30–18:00 Uhr
Di.: 9:30–21:00 Uhr
Fr.: 9:30–19:00 Uhr
Sa.: 8:00–22:00 Uhr
So.: 8:30–20:00 Uhr

Anschrift für Informationen, Autogrammwünsche etc.:

Miniatur Wunderland GmbH
Kehrwieder 2
20457 Hamburg

Zentrale Telefonnummer: +49 40 300 68 00
E-Mail-Adresse: info@miniatur-wunderland.de
Webseite www.miniatur-wunderland.de

(Man kann auf der Webseite Tickets reservieren und so Wartezeiten vermeiden.)

Nächste U-Bahn-Station: U3 Baumwall + U1 Meßberg
Nächste Bushaltestelle: Linie 6, Haltestelle Auf dem Sande
(Speicherstadt)
Parkplätze für Autos: direkt vor der Tür
Fahrradständer: einige Plätze vor der Tür vorhanden + Stadt-
radstation direkt um die Ecke

Wir freuen uns auf Sie!

BILDNACHWEIS